破圈

职工岗位出彩指南

向德荣 著

中国工人出版社

图书在版编目（CIP）数据

破圈：职工岗位出彩指南 / 向德荣著. -- 北京：
中国工人出版社, 2024. 7. -- ISBN 978-7-5008-8480-4

Ⅰ. B848.4-49

中国国家版本馆CIP数据核字第202457P7N5号

破圈：职工岗位出彩指南

出 版 人	董 宽
责任编辑	丁洋洋
责任校对	张 彦
责任印制	栾征宇
出版发行	中国工人出版社
地 址	北京市东城区鼓楼外大街45号 邮编：100120
网 址	http://www.wp-china.com
电 话	（010）62005043（总编室） （010）62005039（印制管理中心） （010）62379038（职工教育编辑室）
发行热线	（010）82029051 62383056
经 销	各地书店
印 刷	三河市国英印务有限公司
开 本	710毫米×1000毫米 1/16
印 张	14
字 数	180千字
版 次	2024年9月第1版 2024年12月第2次印刷
定 价	48.00元

序

这几年，“破圈”一词在演化中，逐渐从社会学用语转化为新媒体术语，在传播中具有正向的感情色彩，代表敢于突破圈层、更新生活方式。“破圈”是一种创新的表述形式：于外，“破圈”是与更多主客体发生连接、产生新的关系、丰富价值网络；于内，“破圈”是改变内容生产、表现方式，重构价值结构。“破圈”似乎已然成为各行各业的常态。“破圈”是跳出原有的圈子，尝试新鲜事物，这个圈子包括认知、眼界、交际圈，等等。个体只有努力打破原有的局限，对自身优劣势有了全面的了解，建立新的自我认知，才能让自身的境界、视野随之改变，从而产生不一样的结果，甚至决定人的前途、命运，关系到人生是否出彩。

法国著名昆虫学家法布尔曾做过一项有趣的实验，他把一群蚂蚁放在一个圆盘的周围，使它们头尾相接，绕圆盘排成一个圆形。于是这群蚂蚁开始前进了，一只紧跟着一只，像一支长长的游行队伍。法布尔在蚂蚁队伍旁边放置了一些食物。这些蚂蚁要想得到食物，就必须离开原来的队伍，不能再绕原来的圈子前进。法布尔预料，蚂蚁会很快厌倦这种无始无终、毫无目的的前行，而选择分散队伍，寻找食物。可蚂蚁并没有这样做，出于纯粹的本能，它们只是沿着自己或自己族类留下的化学信号前行。它们沿着圆盘的周围，一直以同样的速度走了七天七夜，一直走到它们累死、饿死为止。这个实验显示的是一种生物现象，如果蚂蚁“破圈”，就会获得食物，生存下去。

社会上的很多人如此，即满足于现状，长年囿于既定模式的工作和生活。韩非在《五蠹》中说："世异则事异，事异则备变。"思则变，变则通，通则顺，顺则安。只有积极主动地寻求改变，才能实现创新。改变思路，改变习惯，改变一种活的方式，往往会创造无限，风景无限！

谈到职工岗位"破圈"，大部分人自然会想到劳动模范、先进工作者、最美职工和"大国工匠"。人不一定皆能成为先进典型代表，但每个人都可以拥有人生出彩的机会。先进典型代表普遍具有的优秀品质，是一种起于平凡的不平凡精神，他们能把平凡的事情串联起来成就不平凡的人生，并不是都需要有惊涛骇浪的壮阔人生和惊天动地的雄伟业绩。每个人最好的"破圈"方式：深耕自己，实现人生逆袭！

本书书名有"指南"两个字，旨在为广大读者提供在本职岗位上如何"破圈"出彩的参考资料。本书分为四章十五节，阐述了职工岗位"破圈"出彩的理念、途径和方法，书中穿插了众多的劳模、工匠的典型事例以及启迪读者的小故事，各节后配有小结，以增强本书的思想性、理论性、知识性、操作性。由于作者认知水平有限，难免存在一些问题或不足，敬请批评指正。

向德荣

2024 年 7 月 4 日

目录
CONTENTS

前言：人不破不立，圈不破无以行远路 001

第一章　立德铸魂、技术精湛是职工岗位“破圈”出彩的基本要求 001

第一节　职业道德是职工岗位“破圈”出彩的道德根基 003

第二节　做复合型高素质职工是职工岗位“破圈”出彩的路径 016

第三节　学习专业技术是职工岗位“破圈”出彩的手段 032

第四节　恪尽职守是职工岗位“破圈”出彩的精神支柱 040

第二章　超越自我、争创一流是职工岗位“破圈”出彩的追求目标 055

第一节　自我超越是职工岗位“破圈”出彩的动力源泉 057

第二节　争创一流是职工实现纵向“破圈”的现实路径 069

第三节　艰苦奋斗、自强不息是职工岗位“破圈”出彩的前行姿态 089

第四节　谦虚谨慎是职工岗位出彩的优良品质 107

第三章　匠心独具、守正创新是职工岗位“破圈”出彩的价值彰显 115

第一节　创新思维与创新原理是职工岗位“破圈”出彩的利器 117

第二节　企业是技术创新的前沿阵地　138
第三节　职工是企业技术创新的主力军　149

第四章　人际和谐、团队合作是职工岗位“破圈”出彩的环境气场　165

第一节　人脉观和人际关系的维度与连接　167
第二节　在企业内部建立良好的人际关系　175
第三节　职工出彩与团队的关联　188
第四节　营造让职工出彩的气场　201

参考文献　211

前言：人不破不立，圈不破无以行远路

人生的圈层，凸显着生活的千姿百态。那么，一个人该如何“破圈”呢？一个人想改变自己，突破自我，提升自己，最直接的方式就是“破圈”。有“破圈”，就会有“入圈”。我们可以把就业称为“入圈”，把在工作岗位上做出成绩称为“破圈”。人不破不立，圈不破无以行远路。常审视所处的圈，常反思走过的路，抛弃固执与狭隘，不断接受新思想，才能收获更好的人生。我们需要以符合时代要求的眼光、姿态和格局，为“入圈”奠定基础，沉淀自身，以“破圈”改变思维、谋求蝶变，这样才能在某个领域脱颖而出，在众多竞争者中脱颖而出。

如何“破圈”，可以归纳为六个维度：

第一，走出舒适圈。在舒适圈中，你可以做喜欢、熟悉、重复的事情，一切显得那么游刃有余，安全可控，卡耐基在《人性的弱点》中写道：“人性是贪图安逸、喜欢享受的，人们都喜欢让自己舒服的感觉。”但若沉迷眼前的安逸，只会蚕食斗志，失去应对外界风雨的能力，失去更多的成长可能。因为舒适是堕落的开始，而开拓则是成长的基石。墨守成规、故步自封，停在港湾的船是安全的，但这不是生而为船的意义。如何走出舒适圈？——问自己想成为什么样的人，理想生活又是什么，是否愿意打破自己对于舒适和熟悉环境的依赖，从而获得新的经验和成长。其实，人与人之间的差距，就在于是否敢逃离舒适区。与其在安逸中变得平庸，不如主动突破，做敢于迎难而上的人。我们要敢于接受新的挑战和改变，突破自己的舒适区，从而获得成长和突破。

第二，直面恐惧圈。每个人舒适圈外的东西，虽然都是不同的，但根源都是恐惧。所谓恐惧圈，就是不熟悉、无法把控的人和事，这些人和事难免让你浑身难受，变得焦虑、患得患失，甚至怨天尤人，并将此作为退缩的借口。这样囿在圈中，视野狭隘，裹足不前，就会失去抵抗风雨的能力。如何直面恐惧圈？要承认并接受自己的不足之处，客观分析和理清你的担忧，倾听和接纳不同的意见和观点，或与人进行积极的对话和辩论，直面困难，刻意练习，不断试错、复盘、矫正，以拓宽思维、认知和行为。要减少对外界噪声和干扰的关注，坚定自己的信念，追求真正符合内心需求的目标；向他人寻求反馈和建议，以求能够提供不同的视角和观点；不断评估和反思新思维方式的有效性，根据反馈进行调整和改进。

第三，进入学习圈。通过阅读、学习持续地扩展知识领域，不断追求个人和专业上的发展。包括寻求有经验的工程技术人员或工匠、师傅的指导和支持，借鉴成功人士的思考方式和做法，以获取更深层次的认识和指引，让自己变得更加专业，从而超越个人固有的限制。“闻道有先后，术业有专攻。”无论时代如何变迁，专业都是个人不可或缺的核心竞争力。无论走到哪里，专业能力都是无法复制的利器，这就需要我们大量学习并学以致用，发挥出自己的专业特长。你不仅可以通过书本知识，还可以通过参与项目、实践经验和行业交流等不同的学习方式，来提升自己的专业素养和实践能力；保持开放心态，积极接纳新的理念与创新思维，与时俱进。

第四，提升认知圈。每个人都有习惯性的思维模式和信念体系，这些思维模式可能受到文化、教育、社会经验等因素的影响。这些模式虽然在很多情况下是有用的，但它们也可能限制了我们的创造力和解决问题的能力。而人与人之间根本的差距就在于能否反思自己的观念、偏见和固有思维模式，审视自己的优点和缺点，寻找改进和成长的方向。认知，是一个人能力的放大器，也是奔向成功的加速器。很多时候，困住我们的不是外界的声音，而是我们的固有认知。学会突破思维的牢笼，如此才能打破枷锁，获得真正的成长。通过觉察局限的存在，深入体验自己的困境和局限；在深刻体验的基础上，进行透彻的思考，分析自己的认知局限是如何形成的，找出其中的误区和盲点，并助推新的认知形成；通过持续的实践，将新的认知内化为能力和习惯，从而真正改变自己的思维模式和行为模式。人的认知、思维和行为是相互影响、相互作用的。人的思维认知空间是无限的，你的认识深度，往往决定了你的一生。想要突破思维圈，就要保持开放的态度，主动去寻求不同的观点和信息，避免盲目自信和偏执，要探索看待事物的不同角度，培养批判和反思能力。一个人的认知和思维会影响他的行为，而他的行为也会反过来影响他的认知和思维。认知越清晰，行动就越坚定。

第五，开拓交际圈。人是环境的产物。遇见什么样的人，你就可能成为什么样的人。同行者的高度，决定了你能达到的高度。跟优秀的人在一起，潜移默化间，你会变得勤奋、乐观，充满正能量，取得较大的进步和变化。圈子文化有优点，也有不足，人生稳妥安定，但囿于一"圈"，容易形成内部循环，阻碍交流和互动。所以，不要闭塞自己的朋友圈。参与不同类型的活动，加入不同的社群，接触不同背景的人，与其他人交流和互动，从中汲取新的想法和见解。建立专业人脉，与行业精英和专业人士进行交流与合作，这种人脉关系将为我们提供宝贵的资源和机会；也可以选择与志同道合的伙伴去创造更大的价值；要培养自己的兴趣爱好，才能懂得如何和不同性格的人相处。只有良好的整合、互动，才能扩大交际圈，向更广阔的空间发展。

第六，回归自在圈。自我认知是"破圈"成长的开始——你需要全面认识自己的世界观、价值观、人生观。当到达自在圈，你会发现之前的困难在现在看来都不是事。人生达到更高境界时，你会接纳自己和无法改变的客观事实，全力以赴；也会看淡得失，学会阶段归零，然后重新建立新的目标，寻找新的增长点。当你开始有了很强的能力，人生的雪球才算滚起来。继而扩大同心圆，放大做成的事情，把做成的事情在圈子里持续放大，最终助力走进更大的圈。如果还善于合作沟通，拥有创新思维，就能锦上添花，更易凝聚力量办大事。

这样的成长过程，就是一个“破圈”的过程。如果把“圈子”当成关卡，那么我们就是一直在“升级打怪”。“竹杖芒鞋轻胜马，谁怕？一蓑烟雨任平生”。每一次蜕变和重塑都会获得成长的惊喜，那些难走的路，往往是向上的路，勇敢迈出“破圈”第一步，才能在面对风雨时更加坦然，活得更加从容且强大。

向德荣

2024 年 7 月 4 日

第一章

立德铸魂、技术精湛是职工岗位“破圈”出彩的基本要求

德，是指个人对社会、对他人责任心的一种表现。才，是指才能，是个人实现自我价值的能力和手段。对一个人而言，德是灵魂，是向导；才是能力，是工具。一个人既具有为社会和他人作贡献的优秀品德，又具有为社会和他人作贡献的才华，德才兼备，以德为先，练技修心，道技合一，才能使人生“破圈”出彩。

第一节　职业道德是职工岗位“破圈”出彩的道德根基

一、职业、道德和职业道德的含义

职业，即个人所从事的、服务于社会并作为主要生活来源的工作。道德，即人们共同生活及其行为的准则和规范。职业道德是指从业人员在职业活动中应该遵循的行为准则。

（一）职业

1. 职业的含义

职业的通俗表达就是人们所从事的工作。职业，是由“职”和“业”组成的合成词。“职”含有职责、权利、义务之意；“业”含有业务、事业和专业之意。职业合起来理解，是指为了满足社会生产和生活需要，从事承担特定社会责任、具有特定义务的相对稳定的工种。从业者从事一定的职业是获取生活来源、扩大社会关系和实现自身价值的重要途径。

职业是性质相近工作的总称，通常指个人服务社会并作为主要生活来源的工作。职业是社会分工体系中劳动者所获得的一种劳动角色。

职业是社会分工的产物。在原始社会初期，只有氏族内部根据年龄、性别差异而形成的自然分工，工作的形式都极为简单，没有专业性的生产劳动，因而生产劳动无职业可言。直到原始社会末期，随着生产的发展，社会分工和社会交换逐渐发展起来，在畜牧业、手工业和商业先后从农业中分离出来后，才形成具有专门业务的特殊劳动方式，人们才相应地被固定在一定职业范围内，从事特定的职业活动。这样，职业活动成为一种对人的生产和生活实践具有重要影响的现实存在。在整个社会生产过程中，有诸多工种或岗位，职业是处于最底层、最根本、最精细、最专门的社会分工，可称为某一种职业的分工。这些不同的工种、岗位或特定的职业赋予劳动者不同的工作内容、职责、声誉和社会地位，以及不同的劳动规范和行为模式，于是劳动者便有了特定的社会标记和专门的劳动角色，如农民、工人、医生、教师、工程师、科学家等。

从个人角度来看，职业是人们在社会中所从事的作为谋生手段的工作。一个人的一生有着长达三四十年的职业生活期；入职之前十几年、二十几年，其学业选择等生活经历与职业预期有一定的联系；年老退休后的生活，也与其在岗职业关系甚大。从家庭角度来看，职业是家庭得以建立和维系的重要因素。解决好夫妻双方和父子两辈的职业选择、发展、晋升、调动等问题，在自己所热爱的岗位、热衷的领域工作，是任何一个家庭都关心的重大问题。从单位角度来看，职业是用人单位吸收社会人才资源的具体岗位和使用人力资源的具体方式。合理解决好人员选拔使用、解决好组织成员个人职业发展问题，是各企事业单位的重要工作内容。从社会角度来看，劳动者通过职业获得社会角色，涉及人的社会关系。从国民经济活动所需要的人力资源角度来看，职业是指不同性质、不同内容、不同形式、不同操作的专门劳动岗位。

2. 职业的发展趋势

面对人工智能时代的到来，了解职业的发展趋势十分必要，可以帮助我们更好地把握职场机遇。

（1）由单一基础向跨专业、复合型转化。职业岗位的要求和劳动方式逐步由简单向复杂转化，由于职业内涵发展扩大了过去拥有单一技能就能胜任的工作，现在往往需要相关专业的许多知识技能，更多地需要跨专业，特别是人工智能方面的复合型人才。由于技术和知识的快速更新，人们需要不断学习和适应新的技能及知识。同时，拥有广泛的知识背景和跨学科的能力将有助于人们在不同领域中获得竞争优势。跨界职业也逐渐成为当今社会的一个趋势。许多职业并不局限于某一特定领域，而是涵盖了多个领域的知识和技能。

（2）由封闭型向开放型转化。职业岗位工作范围和面向的服务对象越来越广泛，接收信息的渠道也随之增多，人们相互之间的交往和协作更加密切。随着科技的发展，越来越多的企业允许在时间和地点上更加灵活地安排工作。这种趋势打破了地域限制，为人才招聘提供了更大的空间。这就要求人们彻底摆脱封闭的状态，具有开放的观念和心胸，需要人们具备开放思维、创造力、团队合作和风险承受等方面的能力。

（3）由传统工艺型向信息化、智能型转化。传统工艺在科技含量上相对滞后，在技术更新速度方面比较缓慢。生产力发展的关键之一是增加职业岗位科技含量，改善劳动组织和生产手段，提高劳动生产率。随着人工智能、机器学习和自动化技术的快速发展，许多传统的工作岗位可能会被取代或改变。能熟练应用信息管理方法的智能型操作人员，是今后职业岗位更新、工作内容更新需要的新型人才。同时，需要相关人员帮助组织设计和实施数据隐私保护策略，以确保用户数据得到有效保障。

（4）由继承型向知识创新型转化。继承与创新是辩证关系。人工智能时代要求社会成员必须不断树立创新意识，在职业岗位上进行创造性劳动。社会发展变化迅速，劳动效率的迅速提高改变着现有职业岗位的职业特点，要求创造型人才更好地承担岗位职责。

（5）第三产业、社会服务业发展壮大。社会生产力的提高，解放了劳动力，第三产业的劳动人数将迅速增加，信息传播与管理行业的各种职业文化教育事业和休闲、娱乐、保健等事业，提供各种各样服务项目的社区服务业等，将迅速发展壮大，不仅能产生大量职业，而且是吸纳社会劳动力的主要渠道。以工业领域为例，中国工业领域目前就业人数为 2.3 亿人，随着工业自动化的普及，一个工业机器人可以替代 20 多个工人。企业为了生产效率的提高，一定会采用先进的技术。中国服务业现在占比已经超过 50%，将来还会超过 60% 甚至 70%，只有靠服务业的大发展才能解决中国的就业问题。

3. 人工智能时代新兴的职业

随着技术的发展和普及，越来越多的企业和组织开始关注人工智能在业务上的应用，因此需要一批懂得人工智能技术和应用的专业人才，如数据科学家、机器学习工程师、智能软件工程师等。另外，随着人工智能技术的普及，也将催生出一些全新的服务业，如智能电商、智慧客服等。

人工智能对劳动就业的影响是双向的，一方面影响了传统行业的工作岗位，大批人员被取代；另一方面创造了新的工作机会。随着人工智能技术的不断进步，还会涌现出许多新的行业和领域，例如智能医疗、智能交通等，这些领域将需要大量的人才参与。新兴职业不断涌现，涵盖了各个领域，这些新兴职业既体现了技术的进步，又反映了社会经济的发展和变化，甚至还反映了社会结构的变化。例如，人工智能工程师，负责设计、开发、测试和维护人工智能系统。他们需要具备计算机科学、数学、统计学等相关知识，并熟练掌握各种人工智能算法和工具。机器学习工程师，专注于研究和开发机器学习算法，帮助计算机从数据中学习并做出预测或决策。他们需要具备统计学、计算机视觉、自然语言处理等相关知识。深度学习工程师，专门研究深度学习算法，并应用于图像识别、语音识别、自然语言处理等领域。他们需要具备神经网络、深度学习框架等相关知识。

这些新兴职业反映了人工智能技术在各个领域的广泛应用和快速发展。

随着技术的不断进步和创新，未来还将涌现出更新的人工智能相关职业。这些人工智能带来的新事业，也是我们新的就业方向，也为我们在工作岗位“破圈”出彩提供了新的舞台和途径。

（二）道德

马克思说过，“人是一切社会关系的总和”。生活在这个世界上的每个人都处于各种复杂的联系之中。用什么样的态度来对待各种关系中出现的矛盾，这就涉及一个道德问题，道德有三层意思。

1. 调整人们之间以及个人与社会之间关系的行为规范。人作为社会的人，存在于各种社会关系之中。有了一定的行为规范，定好人们在各种社会关系中应该如何做的准则，人们就知道应该怎样做，不应该怎样做，社会才能制约人们的行为，遵循一定秩序正常运行。

2. 以善恶观念为标准来评价人们在社会关系中的各种行为。道德与法律的评价标准不同，法律是用罪与恶、好与坏、正义与非正义、道德与不道德来评价人们的行为；道德正是通过善恶评价，发挥道德原则和道德规范的作用，激发人们的道德责任感，增强人们道德修养的自觉性，从而提高道德水平，改善社会风气，调整社会关系，维护社会秩序。

3. 依靠信念、习俗和社会舆论的力量来调整人们在社会关系中的各种行为。法律对人们行为的调整是靠国家强制力量来维持的，而道德则是靠内心信念、风俗习惯和社会舆论的力量。内心信念是一种自我调节能力，风俗习惯和社会舆论则是一种社会调节能力。

总结来说，道德是社会意识形态的一部分，讲究的是人与人之间的自然和谐相处，对美、和谐、良好德行的追求。它通过对人们的行为进行善恶评价，起到判断行为正当与否的作用，并在人际关系、职业活动和公共领域等方面起着重要的调节作用。

（三）职业道德的含义

职业道德一方面是一种外在的行为标准，可谓“职业之道”；另一方面是被从业者从内心认同的一种较为稳定的职业观念、职业情感和职业行为方式，可谓“职业之德”，即职业道德。职业道德是指人们在职业生活中应遵循的基本道德，是职业品德、职业纪律、专业胜任能力及职业责任等的总称，它通过公约、守则等对职业生活中的某些方面加以规范。职业道德既是本行业人员在职业活动中的行为规范，又是行业对社会所负的道德责任和义务。它揭示了从业人员与服务对象、职业与职工、职业与职业之间最为广阔的一种社会关系。随着现代社会分工的发展和专业化程度的增强，市场竞争日趋激烈，整个社会对从业人员职业观念、职业态度、职业技能、职业纪律和职业作风的要求越来越高。每一个从业者既有共同遵守的职业道德基本规范，又有自身行业特征的职业道德规范。

职业道德适用于特定的职业活动领域。而且对于不同的职业，职业道德是不同的；只要有职业活动，就能体现一定的职业道德，它渗透在职业活动中的方方面面；职业活动的行为用条例、章程、守则、制度、公约等以简明的形式作出规定，具有很强的针对性和可操作性；职业活动代代相传，所以职业道德在不同时代有许多相似的内容。但随着时代的变化，职业道德又具有时代的特征。

一个从业者提高自己的道德和职业道德素养，既是社会的需要，更是个人的内在需要。我们要生存，就要使自己的行为符合社会需要；我们要自尊，就要使自己的行为得到社会认同；我们要有所成就，就要使自己的行为得到社会嘉许。正是这种自然地流露过程，使从业者个人价值在社会中得以实现，人的品性得到升华。

二、职业道德的内容

（一）爱岗敬业

爱岗敬业是爱岗与敬业的总称。爱岗是敬业的基石，敬业是爱岗的升华。爱岗敬业价值观具有悠久深厚的历史积淀，为各民族所珍视，爱岗敬业是中华民族的传统美德。爱岗敬业是“爱岗敬业、争创一流，艰苦奋斗、勇于创新，淡泊名利、甘于奉献”劳模精神的第一体现。

爱岗敬业是对人们工作态度的一种普遍要求，是社会对每个社会成员个体的普遍性的、最基本的道德要求。爱岗敬业就是热爱自己的工作岗位，热爱本职工作，热爱工作岗位不仅是个人生存和发展的需要，也是社会存在和发展的需要。

（二）诚实守信

人无信不立，诚实守信是职业道德的根本准则。诚实守信是人和人之间正常交往、社会生活能够稳定、经济秩序得以保持和发展的重要力量。诚实守信是各行各业的生存之道。诚实守信是维系良好市场经济秩序必不可少的道德准则。把诚实守信融入职业道德的各个领域和各个方面，使各行各业的从业人员，都能在各自的职业中培养诚实守信的观念，忠诚于自己从事的职业，信守自己的承诺。诚实守信是职业道德的立足点，是认知“破圈”的基本心态。

（三）办事公道

办事公道是指从业人员在办事或处理问题时，要站在公正的立场上，按照同一标准和同一原则办事的职业道德规范。要做到办事公道。

1. 要热爱真理，追求正义，办事是否公道要以科学真理为标准，要有正确的是非观，公道就是要合乎公认的道理，合乎正义。

2. 遵守国家法律，严守职业纪律。要坚持原则，秉公办事，不徇私情。

照章办事，平等待人。对服务对象要一视同仁，不因民族和阶层、性别和年龄、职位高低、贫富差异而差别对待。

3. 要不谋私利，反腐倡廉。只有不谋私利，才能光明正大、廉洁无私，才能主持正义、公道。

4. 要不计个人得失，不怕各种权势。做到办事公道，不仅有助于社会文明程度的提高，还是市场经济良性运作的有效保证。

（四）服务群众

服务群众是指在自己的岗位上全心全意为群众服务，即把群众的利益和需要作为自己一切工作的出发点和落脚点。为群众服务是职业道德的集中体现，要在职业道德建设中大力提倡为群众服务的职业意识。服务群众是职业行为的本质。具体来说，服务群众就要听取群众意见，了解群众需要，为群众着想，端正服务态度，改进服务措施，提高服务质量。

案例分享

2020 年“最美职工”熊桂林是中国邮政集团公司武汉市江夏区舒安支局的一名乡村投递员。30 年来，熊桂林累计行程 58.5 万公里，投递邮件总重 355 吨，邮件妥投率一直保持在 100%。他从来不轻易放过任何一封疑难邮件，但凡有一丝希望，就想方设法地投递到位。他还充分利用邮政电商平台，帮助乡亲们把优质农产品销往全国各地。平凡坚守，默默奉献，熊桂林把一条乡邮路变成了乡亲们眼中的“爱心路”“致富路”。“我理解的劳模精神，就是把本职工作做好，从一点一滴小事做起，做到极致。”熊桂林说。

（摘自中工网 2020 年 11 月 25 日）

（五）奉献社会

奉献社会是一种对事业忘我的全身心投入，这不仅需要有明确的信念，更需要有崇高的行动。

翻看历史，古今中外的奉献者数见不鲜。屠呦呦，多年从事中药和西药结合研究，突出贡献是创制新型抗疟药青蒿素和双氢青蒿素。2015 年获得诺贝尔生理学或医学奖。她成为第一位获诺贝尔科学奖项的中国本土科学家，2017 年，获 2016 年度国家最高科学技术奖。2018 年，获“改革先锋”称号。2019 年，被授予共和国勋章。像屠呦呦这样的科学家数不胜数，他们为人类奉献了杰出的才华，为社会奉献了伟大的科学动力，使科学技术成为人类改造世界的重要手段，科学家奉献给人类的科学意义重大，影响深远。

在我们身边，有许多普通人在平凡的岗位上勤勤恳恳，数年如一日，不少先进模范人物就是在平凡的岗位上作出奉献而发光出彩。

案例分享

2022 年“最美职工”、中建新疆建工集团第四建筑工程有限公司技术质量员吾买尔·库尔班是一名有着 21 年党龄的党员。2017 年 3 月，他自愿来到喀什地区英吉沙县英也尔乡荒地村，加入扶贫工作队。吾买尔用心帮扶村里的边缘户、脱贫监测户和特殊困难家庭，3 年时间，他和同事们申请了 60 多个扶贫项目，帮助村里成立了裁缝、木工、养殖等 6 个专业合作社，使 300 余名村民实现了在家门口就业。返回原工作岗位后，吾买尔利用休息时间编制操作指南，组织技能比赛，耐心指导新同事。在他的带领下，很多人学会了电焊、切割、维修、喷漆等技能，考取了技能操作证。“无论是什么角色，唯有择一事、专一业，奋斗一生，才能无愧于平凡人生路上的每一步。”吾买尔说。

（摘自中工网 2022 年 5 月 2 日）

2023 年河北省“最美职工”袁利民，他于 1973 年 3 月出生，中共党员，国网临漳县供电公司职工，曾获河北省劳动模范、“邯郸好人”等称号。参加工作 20 多年来，他勤勤恳恳、任劳任怨、热心公益，多年来一直坚持义务献血，并加入了中华骨髓库和人体器官捐献志愿者队伍。2013 年，他捐献了 233 毫升造血干细胞，成功挽救了一位白血病患者的生命。

袁利民多年来一直坚持义务献血。2011 年 5 月，在临漳县红十字会组织的大型捐献造血干细胞的活动中，他积极报名加入了中华骨髓库，成为一名造血干细胞捐献志愿者。此次电话，正是省造血干细胞库的通知，他的血液检测数据与一位白血病患者初筛配型成功。“说实话，他捐献造血干细胞，我不但担心，还有些害怕。”妻子王美红至今难忘当时心中的忐忑，“但是，利民说如果不救那位白血病患者，他就可能真的没有希望了。我说你想做就做吧，我陪着你。”得到家人的理解和支持后，袁利民开始戒烟戒酒，坚持锻炼身体，希望以最佳的状态进行造血干细胞的捐献。2013 年 4 月 25 日 8 时 25 分，袁利民轻松地躺在了白求恩国际和平医院的病床上。经过 4 个小时的造血干细胞采集，他的 233 毫升“救命血”搭乘当日的高铁被送往湖北武汉，于第二天输入患者体内。至此，袁利民成为河北省第 144 例成功捐献造血干细胞者，更是临漳县供电系统首例成功捐献造血干细胞者。“当我看到感谢信的时候，提到‘恩人你好’，看到这几个字，说实话，当时眼泪真的就不由自主地流出来了。我能救他一命。”回想着成功捐献造血干细胞，袁利民满满的成就感。

做一件好事简单，一直做好事却很难。热心公益的袁利民坚持义务献血 23 年，献血 8800 毫升，捐献血小板，加入人体器官捐献志愿者队伍……在他的影响带动下，越来越多的电力系统职工加入了献血队伍中。

爱岗敬业，日夜坚守；奉献社会，向上向善。袁利民用热爱书写着敬业的故事，用爱心点燃着生命的希望。

（摘自中工网 2023 年 5 月 10 日）

三、职业道德的教育方法

职业道德品质是通过知识学习和社会实践，在社会和职业环境的影响下逐渐养成的，它是将从业者向善发展的职业道德意识、意志、情感、理想、信念、观念固化的结果。这种优良的职业道德品质又通过从业者的职业活动来正确评价、选择和指导自身或他人的职业行为，从而协调人与人之间、职业与职业之间的关系，使之和谐健康发展。

只有方法具体，才能得到落实。根据不同行业和不同职业的实际情况，职业道德教育方法主要有以下几种。

（一）增强职业道德理念

现实中，并不是每一位职工都能从事自己理想的职业，因此相关人员要引导职工从社会需要的角度出发，意识到自己所从事劳动的积极意义；并通过适当的精神奖励和物质奖励，使他们体会到干好本职工作的幸福感和荣誉感，以此逐渐培养其对岗位工作的兴趣和热爱，从而勤勤恳恳、忠于职守、尽职尽责地全身心投入自己的工作中。

（二）实行职业道德理论教育

理论是行动的指南。只有通过理论教育，才能使人们对社会主义职业道德有全面、深刻的认识，提高行为的自觉性。除了岗前培训，重大职业活动节点也需要进行相关理论的教育。通过集中时间传授、有针对性的传授等方法的运用和结合，把理论和实际结合起来，把知与行统一起来。

（三）健全职业道德管理机制

在加强职业道德建设的过程中，我们在注重职工职业道德教育的同时，还必须建立、完善并严格落实各项管理制度，规范职业道德建设运行程序，从而规范职工的行为习惯，把道德标准转化为自觉遵守的职业操守，形成一股规范管理、自觉执行的良好氛围。如制订职工道德行为规范，把它作为一面镜子，让职工时刻对照自己，潜移默化地养成自觉意识，从而规范和约束自身的行为，真正培养和树立良好的行为标准、道德风范。

（四）加强职工道德素质建设

企业文化核心内容是培育企业价值观、企业精神、企业经营理念，提高企业职工思想道德风貌。企业竞争的实质是企业文化的竞争。职业道德又是企业文化建设里的应有之义，企业文化建设对于职工道德素质的提高有着重要的影响。在企业文化建设中通过各种方式，促进职工道德素质的提高是企业的高明之举。

随着人工智能技术的广泛应用，道德和伦理问题也日益凸显。在人工智能时代，除基础的职工道德素质以外，人们需要具备道德和伦理素养，这是指使用人工智能技术时应遵守道德规范和法律法规，包括尊重隐私、避免歧视、确保公平等原则。企业应通过培养职工的道德和伦理素养，使广大职工能够在使用人工智能技术时保持负责任的态度并维护公共利益。

（五）自我教育的能动作用

职业道德教育需要他律与自律相结合。自律是道德的本质特点，自我教育就是发挥自律的功能。职工都是成人，具有一定的知识基础和理解能力，当他们接受道德理论而具有职业道德信念后，就会从内心产生自我教育的强烈愿望和要求，这是职业道德教育所需要的重要力量。从业人员一旦具有接受职业道德的自觉，职业道德教育就容易获得良好的效果。

（六）先进典型榜样示范

榜样的力量是无穷的，榜样好比人生的坐标、事业成功的向导。企业可用职工身边涌现出来的先进人物为榜样，多组织开展不同层次、不同种类的报告、学习活动，通过学习先进人物，参照比较，继而在广大职工中掀起“比、学、赶、帮、超”的热潮，要选准、选好不同方面的典型，发挥先进典型的示范作用，使各行各业人员都学有榜样、赶有目标，形成规模效应，收到百花齐放的好效果。

（七）道德舆论褒扬贬抑

社会或集体的道德舆论，肯定或否定在职业活动中出现的道德言行，这是促使从业人员控制和调节自身道德行为的教育方法。健康的舆论是发展从业人员的良好道德品质，制止不良道德品质的一种强有力的教育力量。在大众传媒高度发达的现代社会，社会舆论对人们职业行为的影响是十分迅速和巨大的。

（八）开展形式多样的活动

开展多样化、具体化、形象化的职业道德活动是职业道德教育的又一种重要方法。活动是职业道德教育的载体，要把职业道德教育寓于各种活动之中。例如，开展英模报告会、演讲会活动、业余文艺活动、读书活动等。

本节小结

德要配位，厚德方能载物。素质包括先天素质和后天素质。先天素质是通过父母遗传而获得的。主要包括感觉器官、神经系统和身体其他方面的一些生理特点。后天素质是通过环境影响和教育而获得的。因此，素质是人在先天生理基础上，受后天的教育训练和社会环境的影响，通过自身的认识和社会实践逐步养成比较稳定的适合身心发展的基本品质。职业是人的使命所在，职业道德是一种最基本的从业之道，也是成就事业的重要条件。要想成为一名优秀的职工，职业道德是不可或缺的。

第二节　做复合型高素质职工是职工岗位“破圈”出彩的路径

以智能化、绿色化、服务化为特征的群体性技术革命模式正在转变。社会对人力资本的要求随之改变与提升，单一的知识型、技能型或创新型的劳动者已无法满足市场需求，复合型人才对产业结构调整升级起到了至关重要的推动作用。国家提出“建设知识型、技能型、创新型劳动大军”的新要求，建立起基础化、综合化、特色化、实践化的人才培养新模式，重视劳动者的基础知识、基础能力、实践能力、创新能力的全面培养，使广大职工成为“知识型、技能型、创新型”的劳动者，将为中国式现代化提供有力的人才支撑。对每一位职工来说，要努力成为“知识型、技能型、创新型”的高素质职工。因此，广大职工需要学习知识，钻研业务技术。

一、知识型职工

知识型职工，一般指从事生产、创造、扩展和应用知识的活动，为单位（或组织）带来知识资本增值，并以此为职业的人员。知识型职工不同于普通职工的本质特征是拥有知识资本这一生产资料，也就是说知识型职工是知识所有者。知识对每个人都是公平的，只有驾驭好知识，运用得当的人，才能获得更有价值的创新。

现代人才学中的“蓄电池理论”，认为人只有成为一块“高效蓄电池”，不间断地、持续地“充电”，才能不间断地、持续地释放能量。以往的一次教育、终身受用的时代已经结束，继续教育、终身教育的时代已经到来。1994年11月，在意大利罗马举行了“首届世界终身学习会议”，提出“终身学习是21世纪的生存概念”，认为人们如果没有终身学习的概念，就难以在21世纪生存。终身学习，理所当然地成为一种生存方式，指每一个人，在整个一生中持续不断地学习。它始于生命之初，持续到生命之末，即从摇篮到坟墓，一辈子持续不断。它宣告了“学历社会”的终结，宣告了把人生分为两半——“充电”和“放电”的传统观念的局限。当今的学习，已经从过去的“学历学习”“知识学习”和“实用学习”，转变为“终身学习”“能力学习”和“善于学习”。

现代社会是一个快速发展的时代，知识更新迭代的速度超出你的想象。面对广阔的知识海洋，每个人都有汲取不完的知识，都是知识的缺失者。所以，持续学习是这个时代成长的主题。学习不再是在教室里或者上岗前孤立的活动，而是个人高效工作的核心。比尔·盖茨说过：“你可以离开学校，但你不可以离开学习。”学习应该成为我们的工作方式和生活方式，学习工作化、工作学习化。学习是工作的基础和前提，工作是学习的延伸和深化。

学习是认识过程的一个环节，认识要经历实践—认识—再实践—再认识的过程。毛泽东认为学习是“知”与“行”的统一。他在《改造我们的学习》中指出“实事求是”的内涵：“实事”就是客观存在着的一切事物，“求”就是我们去研究，“是”就是客观事物的内部联系，即规律性。这就表明，学习是一个实事求是的过程，是一个研究“实事”、探索规律的过程，学习就是知行统一、学用结合、探求真理、掌握规律的过程。在这个过程中，既要“学而时习之，不亦乐乎”，使学习在“学”和“习”中产生乐趣和动力，又要通过“习”使“学”“用”结合，不断地模仿与重复，探索与创新，直至达到“融会贯通”和“学以致用”的目的。“知者行之始，行者知之成。”把握好“博学”“勤思”“力行”三个着力点，形成“勤学善思、学以致用”的良好风气。

我们要把每一项工作都视为一个学习机会，使得工作学习一体化，即把学习引入工作，让工作反哺学习，使工作学习有机结合，工作学习化，不是工作之余的学习，而是让工作本身成为一种学习，使学习完全地融入工作，做到工作学习化。同理，生活学习化，不是生活之余的学习，而是让生活成为锻造性格的课堂、锻造素质的熔炉。每个人工作的过程本身就是学习的过程。一个好的思路、好的观点、好的办法、好的决策，大都在学习与实践的结合中产生。凡是工作能创新、有业绩的人，也是热爱学习、善于学习的人。学习与工作相互渗透、相互促进、相得益彰。

人生如逆水行舟，不进则退，只有持续不断地注入新知识，才能拥有源源不断的前进动力。要善于把学习真正融入日常的工作之中，把工作作为不断学习、深化学习的最好平台，使学习成为提高能力素质的“加速器”，成为推动工作创新发展的“动力源”。

知识型职工的特征：

1. 拥有较高的学历和其他方面的能力素养，了解和掌握本行业最新技术。

2. 从事的不是简单的重复性工作，而是在易变和不完全确定的系统中充分发挥个人的才干和灵感，应对各种可能发生的情况，推动着技术的进步。

3. 劳动过程往往是无形的，而且可能发生在每时每刻和任何场所。加之工作并没有固定的流程和步骤，其他人很难知道应该怎样做，固定的劳动规则并不存在。

4. 劳动成果依赖很多因素，包括同事、团队的协作完成。

5. 他们往往更在意自身价值的实现，并强烈期望得到单位或社会的认可。他们并不满足于被动地完成一般性事务，而是尽力追求完美的结果。他们更热衷于具有挑战性的工作，渴望展现自我价值。

6. 大部分知识型职工，尤其是优秀的杰出人才，非常重视私有的工作空间，也更喜欢独自工作的自由，以及更具张力的工作安排。企业可酌情对知识型职工实施弹性工作制。包括弹性工作时间、在家办公等多种方式，可利用网络终端在家办公。在人工智能时代，跨学科知识变得越来越重要。人工智能技术涉及多个领域的知识，包括计算机科学、数学、统计学、心理学等。具备跨学科知识的人们能够更好地理解和应用人工智能技术，从而在工作和生活中取得优势。

案例分享

胡振球是一位从外地来沪务工的“85后”农民工，上海神舟精宜汽车制造有限公司劳模创新工作室领衔人、上海市十大工人发明家、首批“上海工匠”、全国劳动模范。16年前，21岁的胡振球从家乡安徽来到上海。为了找工作，这个只有高中学历、除焊接以外没有其他本领的青年骑着60元买的二手自行车，整日穿行在上海的大街小巷，终于在接连碰壁的第21天，被上海神舟精宜汽车制造有限公司招聘为一名试制工人。

入职至今，胡振球不断学习，先后考取了中级工、高级工、技师、上海市首席技师，持续夯实提升理论基础和技术能力。白驹过隙，从“图纸都不会看”的农民工，到完成技术革新60多项、技术攻关20多项、获得发明专利23项，成为带领班组深入一线进行改革创新的领衔人，16年过去，这个青年的初心不变，始终坚定“做一名好工人”。

胡振球初入职场时，因自己各项技能及文化水平低，当研发人员进行工作指导时，他经常会成为“躲”在资深员工背后的倾听者。仰望着这些“高不可攀”的研发人员，胡振球心中萌发了一个念头：“有朝一日，我也要成为像他们这般厉害的人。”

于是，他开始勤奋学习、刻苦钻研，常常在午休时间缠着有经验的老师傅请他们讲图纸。为了提升专业技能及文化水平，胡振球参加各项农民工技能培训，还利用周末时间去开放大学上大专班、本科班，从技工证到学历证，不断提升综合能力。

持续不断地学习，很快迎来了展现的平台。2009 年，神舟公司开展了职工创新活动，鼓励所有员工开展小改小革，用技术创新为生产过程降本增效。这成了胡振球创新研发生涯的开端。

胡振球介绍，当时他所在的班组负责“整车预装”，由于神舟公司更多为客户提供个性化的定制方案，每辆车在组装时都有细微不同，因缺少统一的模具，每次装配零件都需反复测量打磨，耗时耗力，加班频繁。

“我是否能自己做一个标准的工装夹具，从而优化组装的流程，缩短工时呢？”有了这个念头后，胡振球反复实验，最终大胆地提议开个模具进行“整车预装工装”。模具投入使用后，组装每台车的工时从原来的 3 天减少至 1 天，整车装配合格率达 98% 以上，工作效率大幅提高。

2013 年，“胡振球创新工作室”成立，至今已参与了数十项产品的创新。

（摘自中工网 2023 年 8 月 7 日）

二、技能型职工

一技之长，能动天下。技能型人才是推动产业转型升级的关键要素，更是推动高质量发展的源头活水。技能型职工是一种智能型的操作人才，需具备一定的基础学科课程知识，但这种知识和能力，应强调理论在实践中的应用。由于技能型人才所从事的生产现场的劳动常常是协同工作的群体活动，因而在人际关系能力、组织群体能力、交流能力等关键能力方面也有很高的要求。

技能是个体身上固定下来的复杂的动作系统，是对动作和动作方式的概括。现代职业技能一般包括与职业相关的科学文化知识和专业理论知识；符合职业要求的操作技能；有一定的理论学习和技术创新能力。一个人如果没有职业技能，就很难从事职业活动；如果职业技能水平低，那么只能从事一些简单劳动。面对激烈的职业竞争、人工智能机器人的广泛运用，简单职业最容易被代替。每个从业者必须牢固树立职业技能是立身之本的思想，充分认识到提高职业技能水平是自己最重要的职业保障。技能可分为动作技能、智力技能。动作技能主要表现为外显的肌肉骨骼操作活动，智力技能主要表现为内隐的认知操作活动。二者具有密切的联系，智力技能是动作技能的组成成分和调节者，而动作技能是智力技能的体现者。

技能是通过练习形成的、控制动作执行合乎法则要求的行动方式。技能由不会到会，由会到熟练，是个体逐渐发展的过程。促进这种发展的基本条件就是练习。练习是一种有目的地对某种动力进行多次重复以达到熟练程度的过程，旨在改进动作，使动作趋于完善，达到自动化熟练程度。动作系统达到自动化熟练程度，是技能形成的标准。

人们通常说的技能，包括一般技能和技巧。技巧是一般技能的高度发展阶段。技巧的完善程度和自动化水平比一般技能更高，技巧是在掌握技能要领的基础上形成的，其动作系统更精确、更敏捷、更完善。

技能型职工的特征：

1. 企业技能型职工是深度依靠脑力工作的知识型职工，大都有一定的工作经历，在多年的工作实践中积累了比较丰富的技术经验，有比较强的临战解决问题的能力，也拥有独特的个性特点。

2. 对于高技术企业而言，竞争的核心优势是拥有高素质科技人才。试想高技术企业如果没有一批高素质的人才做支撑，没有科技人才创新积极性的充分发挥，则很难在日益激烈的市场竞争中生存和发展。

3. 高科技企业中聚集着大批高科技人才，他们一般拥有高学历、高素质，是具有一技之长的知识型职工。与一般职工相比，他们更在意自身价值的实现，往往有较高的自我人格和超我人格，有展示自我才能的强烈愿望。

4. 拥有特定的知识和技能的技能型职工，本质上他们希望获取的利益与自己的优势相一致。即使他们对目前的工作环境已经感到满意，一旦出现更好的地方，有的人也仍然会受到利益的诱导和驱动，最终跳槽。对个体而言，跳槽是很正常的现象。但对企业而言，就需要经常关注和研究跳槽现象。对于部分企业来说，随着这部分技术型职工纷纷跳槽和在职技术型职工的兼职行为，这些企业的这种技术财富也在丧失，技能型职工所知悉的曾经参与攻关的课题或项目的核心技术秘密也会转移到同行或竞争对手中。

技能会帮你赢得“我能行”的自信、“我不怕”的勇气和“我想去做”的行动力。

案例分享

中核陕西铀浓缩有限公司产业开发部高级技师温伟，先后承担47项重点科研及技改项目，有着全国技术能手、中核集团首席技师、“三秦工匠”、全国“最美职工”、全国五一劳动奖章等诸多荣誉，享受国务院政府特殊津贴。很多人不会想到，这样杰出的技术工人，仅是一名技校毕业生。

1991年，温伟参加工作，从事空气分离，生产氮气、氧气。当时，他也老出错，错了就被罚，罚了就生气，恶性循环。他说，那是自己“最黑暗的阶段”。命运的改变是在1999年。那一年，企业开了一个计算机班。纯粹出于让岗位更安全的考虑，温伟主动要求参加。领导问他：“你一个技校生，又不懂计算机，去干啥？”他回答：“我学呗。”温伟下起了功夫，把计算机的各种程序代码贴满一墙，硬背。最终，领导同意让他去试一试，于是他就成了这个班里唯一的技校生。

领导拿来一些专业书籍让温伟“啃”，可是自学计算机谈何容易，何况他还不懂外语。而班里成员都是本科以上学历，大家单位、宿舍“两点一线”，各自埋头开发软件。有一次，他向同事请教：“什么叫 API？”“你也是业余里面的高手了，这种问题就不要问了。”同事的一句玩笑，让温伟伤了自尊——那等于是说，你一个技校生掺和什么高科技啊？超越，唯有提高自我。两年时间，温伟死记硬背两三千个单词，学完大学计算机课程。

2005 年，企业需要换掉 20 世纪五六十年代进口的老设备，温伟负责软件部分。他们做了一整套系统，替换掉了原有技术，这个项目获得了中核集团的科技进步奖，他终于得到了大家的认可。

生产一线科研创新的大门敞开了。温伟惊喜地发现，这是一片广阔无垠的天空，敢于挑战，就可能收获成功。温伟的工作对象是外方设备。最初，大家都不太懂，企业也没有备件，每次维修就只能进口，费时又昂贵。这时候，有过做电路板经验的温伟就显出了优势。“我开始认真研究电路板，进一步做出新的电路板，最后完全理解了原理，就能不断改进了。”这个过程说起来简单，其实极其艰难。“最艰难的那段时间，压力非常大，因为没有人替代我，遇到系统问题、技术瓶颈，无人可问，不知道该怎么弄，压力大到出现神经性皮炎、脱发，甚至因为思考问题时精力过于集中，分不出心听清别人说话。”神奇的是，一天晚上，他做了一个清晰的梦：他在鼓捣那些电路板，突然折腾了一个新花样，似乎可行。醒来，他翻身而起，直奔工作室，依梦尝试。“不可思议，问题居然真的解决了。”2010 年，温伟主导的这套核心设备的研究创新基本成型；2018 年，完全实现国产化。《××参数测量系统的实现与研究》《外方通讯协议研究》《××自控系统模拟考核及动力单元检测装置研制》……温伟先后承担了 47 项重点科研及技改项目，获得专利 10 余项，获省部级科技进步奖 4 项，省部级科技成果奖 20 余项。一项技术部门的专项测算数据显示：截至 2019 年，温伟的研究创新，创造直接经济效益超过 5000 万元。

铀浓缩行业自控专业是一个高尖端技术的领域，在没有止境的技术进步中，人才队伍永远稀缺，因此培养人才就成了温伟的另一项重任。从师带徒到 2017 年成立由他领头的技能大师工作室，温伟为企业培养人才的平台和方法，就像他的科研创新一样不断走向新的高度。

（摘自中工网 2023 年 5 月 10 日）

三、创新型职工

创新型职工，是指具有创新精神和创新能力的人才。创新型职工是组织创新的源泉，其人力资源能力建设的具体目标包括完善的人格能力、持续的学习能力、开放的思维能力和高效的实践能力。简单地说，就是那些善于学习和吸收最新的研究及实践成果，并将其积极运用于组织管理和生产实践，有独特创造的人。

创新型职工的特征：

1. 有深厚扎实的基础知识，在某一领域或某一方面拥有广博而扎实的知识，有较高的专业水平，掌握所从事学科专业的最新科学成就和发展趋势，这是从事创新研究的必要条件。

2. 有强烈的事业心和历史责任感，为了既定的目标必须始终不懈地进行奋斗，锲而不舍，遭到阻挠和压力不气馁，遇到挫折和挫败不退却，牺牲个人利益也在所不惜，不达目的誓不罢休，不自暴自弃，不轻言放弃。

3. 具有敏锐的观察能力、深刻的洞察能力、见微知著的直觉和一触即发的灵感和顿悟，不断地将观察到的事物与已掌握的知识联系起来，发现事物之间的必然联系，及时发现别人没有发现的东西。

4. 有超前的创新思维。创新思维是创新的基本前提，创新型人才具备思维方式的前瞻性、独创性、灵活性等良好思维品质，才能保证在对事物进行分析、综合和判断时做到独辟蹊径。

5. 具有严谨而求实的工作作风，严格遵循事物的客观规律，从实际出发，以科学的态度进行创新实践。

6. 有健康的体魄和良好的心理素质。精力充沛，坚持不懈，注意力集中，能承担艰苦的工作。

案例分享

1993 年，19 岁的刘丽以专业第一的成绩从技校毕业，进入大庆油田采油二厂采油 48 队，成为一名采油工。工作后，刘丽迅速成长为技术能手，先后参加各级技能比赛，都取得佳绩。1997 年，她被厂里推选参加全国技术大赛，首次参赛就斩获了第三名。

仅用 4 年时间就完成了很多人需要 10 年甚至更长时间才能走完的路，在很多人眼里，刘丽是被眷顾的“幸运儿”。在这段被“浓缩”了的时间里，她不仅密集地参加各种比赛集训，还以优秀毕业生的身份顺利完成了大专课程学习，在学习的路上她从未停止奔跑。

“师父是个学霸，就像一个‘活电脑’，知识调取功能很强大。”汲红军是 2011 年刘丽工作室成立时就加入的成员，也是刘丽的徒弟，如何把经验、技术转化成逻辑清晰、表达准确的文本，是他经常向师父请教的问题。在采油二厂，能成为刘丽的徒弟“挺让人羡慕”。她的徒弟中有 63 人被聘为技能专家、高级技师、技师，125 人被评为厂级以上技术能手。

对于大庆油田采油队的青年职工来说，刘丽的名字再熟悉不过，即使没当过刘丽的徒弟，也一定接受过刘丽的培训或者使用过刘丽编写的教材。至今，她培训的学员已经超过 1 万人。

这些从几十页到几百页薄厚不等的教材，涵盖了采油队的各个工种，以及技工技能晋升的各个阶段。能够做到“学问”如此全面，源于刘丽扎根一线的积累，她在采油 48 队干遍了所有的岗位。

“对完善石油系统技能题库建设，推动职工技能提升作出了突出贡献。”这句写在刘丽个人鉴定上的评语，如果认真翻看刘丽编写的教材就不难理解。

2006 年的《风险可视化提示手册》是刘丽编著出版的第一套书。

“让职工看了就明白怎么操作。”当时刘丽的想法很简单，不要深奥的理论文字，用图说话，让关键岗位的关键操作可以“按图索骥”，这本书也成了很多职工都会揣在口袋里的工具书。

刘丽牵头编写的每一本书都是为了解决生产和培训的现实痛点。培训中，刘丽发现，很多采油工是“为了考试而学习”，有的干脆抛开课本背题库，这样速成的学员到了现场依然没有解决问题的能力。于是，她产生了修订《采油工》教材的想法。

在编写《采油工》(第三版)时，刘丽采用了全新的思路，更加注重教材的实用性，从完成一项具体操作需要掌握的知识点出发进行讲解，将理论和实践进行了更好地融合。

2018 年，上下两卷由石油工业出版社出版的《采油工》(第三版)问世，这两本“大部头”共 60 万字，历时 3 年完成，涵盖了采油初级工、中级工到高级工、技师、高级技师要掌握的理论和技能知识。这套经过数十位专家审定的教材成了中石油系统采油工的权威教材。

翻看《一线创新成果案例集》时，书里的二维码吸引了记者的注意。这本书的每一项创新成果介绍都配有二维码，读者扫一扫就能看到这项成果现场应用的小视频。而这些小发明、小创造很多都来自刘丽从生活中总结出的创新学问。

(摘自中工网 2019 年 7 月 23 日)

四、人工智能时代的复合型职工

人工智能的发展会改变工作的性质和要求。一些重复、低技能的工作可能会被淘汰，但更多需要高技能、高知识、高智能的工作将会出现。这些工作需要人们具备更高的教育水平、更多的专业知识和技能，以适应新的工作环境。

调查智能制造、人工智能等 10 多个重点产业数字人才发展情况的《产业数字人才研究与发展报告（2023）》显示，当前我国数字人才缺口在 2500 万～3000 万人。以智能制造为例，未来 3 年，其数字人才供需比预计从 1∶2.2 扩大至 1∶2.6，约 70% 受访的智能制造企业目前拥有的数字人才人数在整体职工中占比不足 10%。《“十四五”智能制造发展规划》提出，到 2025 年，70% 的规模以上制造业企业要基本实现数字化、网络化。“数字工匠”人才的缺口，就是职工学习成长和在本职岗位上“破圈”出彩的机遇。具体体现在以下几个方面。

（一）随着人工智能技术的发展，人机一体化、人与机器的结合、计算机与大脑的结合（已经有人将芯片嵌入人体）、思维传递、快速学习、思维控制等技术将进入实用阶段，制造业、交通、生活设施、工作设施、娱乐设施、通信设施将全面实现智能化和高度自动化。通过学习机器人编程课程，职工领悟或培养出工程结构思维和编程思维，这也是人工智能时代里任何工作都需要具备的应用技能。

（二）3D 打印是未来新制造的基石技术，其相关技术，将为你打开一扇通往新制造、新设计的就业大门。不管以后你是上班还是自主创业，3D 打印技能和思维都能助你一臂之力。

案例分享

在很多人看来，3D 打印神秘而炫酷，但对于从事 3D 打印工作的刘盼来说，它能让想象走向现实。从一线工人到全国人大代表，3D 打印让刘盼的人生更为立体精彩。3D 打印又称增材制造，是一项将数字模型文件转化为实物的制造技术，目前应用于航空航天、工业设计、文物修复、辅助医疗等领域。从刚入职时的电工、库管成长为公司数字化设计领域的专业工程师，刘盼用了将近 10 年。虽然面临重重困难，但凭着一股子“犟”劲，她坚持了下来，她说：“只要是我想做出来的事情，就一定想尽各种办法去完成它，实现它。”2018 年年底，刘盼所在团队接到一项特殊的任务，对兵马俑进行文物扫描，冬天的陕西温度很低，为了让设备正常运行，他们将冰凉的机器揣进怀里焐热，设备刚放进衣服里时，把肚子冰得生疼，“可是我们没有一个人犹豫一下”，面对紧张的工期，刘盼大胆创新数据处理的工序，最终团队提前 10 天完成任务。这样的结果，让刘盼觉得极为欣慰，因为他们“用最先进的技术为文物保护作出了贡献”。随着 3D 专业技术人员需求量越来越大，从 2016 年起，刘盼从“技术咖”转型成为“刘老师”。她希望通过自己的努力，推动 3D 打印技术的普及和应用，为行业发展培养更多新工匠，注入新的活力。2023 年，刘盼当选为第十四届全国人大代表，作为一线工人代表，她时刻关注着企业的创新和一线技术工人的发展，她期待能成为技术工人的“娘家人”，为更多“蓝领”们的成长成才贡献自己的力量，“也欢迎更多年轻人加入一线产业工人队伍，大家一起为建设制造强国贡献自己的力量”。

（摘自新华网 2024 年 2 月 28 日）

（三）随着新一轮科技革命和数字化转型的加速推进，人类劳动生产的表现方式和组织形式也发生了深刻变革，数字劳动从一个陌生概念到寻常可见，正逐渐深入每个人的生活中。外卖配送员、网约车司机等新就业形态劳动者，以及网络主播、UP 主、网络小说作家等群体，都从事着数字劳动。数据已成为当今世界的重要资源，对于从事数据分析和人工智能领域工作的人来说，需求将持续增长。这些领域需要人们具备数据处理、统计分析和机器学习等技能，以从海量数据中提取有价值的信息。

案例分享

田会静是中交（天津）生态环保设计研究院有限公司副总工程师，主要从事环保疏浚和数字化技术研发应用工作。怀揣“把蔚蓝还给海洋，把透明留给河湖”的梦想，田会静十多年来致力于生态治理，几乎跑遍整个中国，曾独立主持 70 余项科技研发类项目，用数字化手段守护江河湖海。2024 年 3 月初，田会静被评为全国三八红旗手。

2018 年，为适应数字化转型要求，在中交天航局的支持下，田会静组建了一支 BIM（建筑信息模型）技术研发应用团队。“BIM 技术可理解为一种可视化信息技术，可塑性高、灵活性强、应用场景广泛。”基于 BIM 技术，船舶操作人员可以根据钻孔资料建立土地模型，实时展示正在挖掘的泥类型，相当于戴上一个“内窥镜”，可有效提高施工效率。

2019 年，白洋淀生态治理系列工程陆续展开，清淤工作是个亟待攻克的难题。“当地时间紧、任务重、要求高。”田会静迎难而上，“数字化手段是完成清淤工作、推动美丽生态建设的重要武器，一定要完成这项技术应用！”不到一年，田会静带领团队研发出“基于 BIM 技术的河湖环保清淤工程智慧平台建设与应用”成果，打造出雄安新区首个生态清淤工程 BIM 应用样板，还先后将该技术应用于多个水源治理修复工程。

如今，田会静带领的这支十多人的团队，平均年龄不到 30 岁，已是独当一面的数字主力军，完成了涉及水利、水运业务领域的 40 多个项目数字化应用。

谈及未来，田会静表示她将继续深耕环保疏浚和数字化技术。“做技术研发得踏实肯干，我会继续努力，用数字技术守护江河湖海。”她说。

（摘自中工网 2024 年 3 月 14 日）

（四）利用人工智能和机械臂的结合，培养动手、制造，维护和解决问题的能力。桌面机械臂是引向人工智能技工的就业方向；人工智能技工需要掌握设备的使用和维护。并且随着对环境问题的关注不断增加，绿色能源和可持续发展领域的需求也在增长。未来的职业发展可能会转向可再生能源、环境保护和可持续发展方向。对于从事这些领域的人来说，了解环境科学、可再生能源技术和环境管理等方面的知识将变得越来越重要。

（五）加强人工智能与人类的合作。人工智能虽然可以自主地完成一些任务，但是在很多情况下还需要人类的干预和指导。因此，需要加强人工智能与人类的合作，让人工智能成为人类的助手，而不是取代人类。人工智能与人类的合作需要提高人类的智能水平和技能，以便更好地与人工智能进行交互和协作。

由于人工智能的到来，我们需要努力做到“五匹配”：1. 知识匹配：许多岗位需要应聘者具备专业、广博、扎实的知识基础，进入人工智能时代，必须懂得与自己职业相关的人工智能知识。知识就是力量。2. 技能匹配：它是肢体动作与知识的结合体，不但要求掌握相关专业知识，还要具备动手能力，能熟练地进行设备、装配操作。3. 经验匹配：有些知识属于缄默知识，即很难用语言表达进行传授，只能通过学习和自己体悟才能掌握。这就需要向师父求教，师徒亲密合作。4. 智能匹配：智能是指人的智力水平，虽然说世间一般人的智力水平相差不大，但正是这些细小的差距决定了一个人的创造力和价值，智力一般的人不可能适应高智力需求的岗位。人工智能时代的到来，应有与之相适应的智慧。5. 态度匹配：专业性强的岗位，对人对工作的认识有着更高的要求，如干一行爱一行的品行、钻研特质、精益求精的心理等。每个职工都应该明白，工作的职责就是你的使命。

本节小结

知识型、技能型、创新型，不是孤立存在的，而是紧密相连的，说某某职工是技能型职工，那么他必定是知识型职工，一般来讲，没有知识，不可能有技能；同理，说某某职工是创新型职工，他必定是知识型、技能型职工，没有知识和技能，不可能创新。人工智能技术进步使职工迎来了新的机遇和挑战，广大职工应与时俱进，用“人工智能”来深化和丰富自己。“知识型、技能型、创新型”技术工人队伍是支撑中国制造、中国创造的重要基础，高技能人才要把个人的命运和国家、民族的命运更好地结合起来。应健全企业人才培养体系，明确培养具有较高道德品质、政治素养水平、技术应用水平以及创新能力的职工，作为重要工作目标。

第三节　学习专业技术是职工岗位“破圈”出彩的手段

没有金刚钻，难揽瓷器活。参加工作以后，紧张的工作不可能让我们像在学校里那样有充分的时间可以学习。在工作中，要想做到有效学习，增长知识，提高能力，就要努力做到向书本学习，增长知识；向实践学习，增长见识；向别人学习，增长经验。全面提升自己的业务技术，要温故知新、学新知新、学以致用，做到理论与实践的结合，进而研究和解决工作中遇到的问题，不断提高解决实际问题的能力。

一、产教融合培训

为了培养技术型职工，企业与职业学校要加强产教融合。产教融合是指职业学校根据所设专业积极开办专业产业，把产业与教学密切结合，相互支持，相互促进，把学校办成集人才培养、科学研究、科技服务为一体的产业性经营实体，形成学校与企业浑然一体的办学模式。产教融合是职业教育的重要支撑。产教融合是产业与教育的深度合作，是院校为提高其人才培养质量而与行业企业开展的深度合作。

产教融合培训的具体实施办法：

（一）以学校现有的专业实习工厂和主要机加工设备为载体，引入企业加盟，学校出厂房、出设备；企业带工人、带产品，双方结合，进行产品生产、人才培养。在生产中结合教学需要，让教师和学生参与生产，在生产中学习技术。

（二）企业安排生产工人、技术人员、管理人员作为兼职教学人员，根据产教结合教学计划，实施生产中的教学工作。学校安排有关教师跟班参加生产兼指导、辅导学生学习生产技术。

（三）校企合作前，双方考察选择。对企业可考察产品生产、法人代表（或出资人）情况、注册资金、设备情况、管理情况等。学校应向企业提供必需的资料和考察情况。

案例分享

让火箭上天难，培养航天工匠则难上加难。“像我们这种危险的工作，要先练手半年，才能上真的。”全国人大代表、“大国工匠”徐立平被称为“雕刻火药的人”，从事加工固体火箭燃料工作，稍有不慎就有可能引发爆炸，非常危险。“很多经验是课本上没有的。”徐立平说。在航天制造领域，有很多凭借力道、技巧、心得的技艺，要靠技师们勤琢磨、有灵气，才能满足航天领域高、精、尖的要求。因此，师父带徒弟是这个行业的传统，快速培养一直是航天领域的难题。徐立平说，但现在的情况是，随着商业航天的蓬勃发展，民营航天企业对相关人才非常渴求。民营航天面临人才短缺的情况，应该摸索航天人才的快速培养机制，才能解决人才短板的问题。“我建议通过校企合作的方式，促进高品质工匠的培养。”徐立平说。可以充分利用高校的现有资源，通过加强学校和企业合作，让学校培养出“来了就能用”的技术工人。“企业里的老师傅或工程技术人员可以到学校去，进行先期的比如安全操作规范、相关理论知识及一般技能的培训，然后让学生到企业，利用师带徒方式进行手把手教学。”

对于一般人才，可在学校阶段加强；而对于特殊领域的人才，比如“雕刻火药”，操作危险、难度系数大，则必须“手把手”教学。

“经验传承式的教学，应发挥各级的技能大师工作室的作用。”徐立平说。技能大师工作室的一个任务是创新创造，不断提升一线的工艺设备和技术水平，另一个重要任务就是培养人才，通过老师傅带头的方式签订培养合同，制定培训教材，让工匠的技艺快速提高。

徐立平表示，学校教学和经验传承的创新在人才培养过程中缺一不可，加速培养高水平技能人才应从这两个层面发力。

（摘自中工网 2019 年 3 月 4 日）

企业产教融合及各种现代化的教育培训手段为广大职工提供了良好的受教育、长知识、增本领的载体和条件。职工们应珍惜这种工作学习化、学习工作化的环境和氛围，寓学习于工作中，寓教育于活动中，努力做到岗位成才、自学成才，在实践中完善自己，在竞争中提高自己，在奋斗中充实自己。

企业职工应积极参加职工技能培训，积极参加职工技术比武、岗位练兵活动，并将劳动竞赛、合理化建议等多种形式的技术活动转化为创新创能载体。“小革新、小发明、小创造、小设计、小建议”等“五小”群众性职工创新活动，是集职工劳动、智慧和技术为一体的创新创效载体。广大职工要积极参加“五小”活动，努力创新成果，并使之转化为实际效益。获取“独门绝活”的职工要毫不保留地使之成为企业的“大众法宝”，助推创新成果尽快转化为生产力。广大职工还要适应“互联网 +”、移动客户端、大数据、云计算等现代化手段开展的活动要求，不断提高自己的知识含量和科技含量，使自己成为“知识型、技能型、创新型”职工。

二、精读业务技术书籍

从学习规律分析，精通专业和博学多才是相互联系的，没有一定的知识面，就不可能精通专业。从知识作用分析，不同的知识给人以不同的熏陶。从职业需要分析，广泛涉猎各方面的知识；兼收并蓄，博采众长，不断增加知识储备，优化知识结构。钻研本职业务，这是每个从业者安身立命的“饭碗”，是做好一切工作的前提和基础，只有在自己的专业领域内成为内行里手，成为专家，面对新情况、新问题、新难题、新竞争，才能游刃有余、稳操胜券。

读业务书籍，可以让自己接触新的理论、新的知识、新的技能、新的规则，可以帮助自己不断扩充知识领域、不断完善知识体系、不断丰富知识储备、不断提高知识水平。

人的一切认识都来源于实践。毛泽东说过：“学习的书有两种：有字的讲义是书，社会上的一切也是书——‘无字天书’。”要想读好“无字之书”，就要向实践学习，在实践中锻炼，在实践中提高。社会是个大课堂，社会实践是最好的老师，实践是检验真理的唯一标准。“纸上得来终觉浅，绝知此事要躬行。”坚持向实践学习，把实践作为“第一课堂”；实践出真知，实践育人才。实践是一本最好的砥砺品质、增长才干、提高本领、开拓创业的“教科书”。在实践中体验，在体验中成长是一条十分有效的学习途径。在实践中掌握新知识，积累新经验，增长新本领，形成学以致用、用以促学、学用相长的良性循环。

坚持边学边用、学用结合、以用促学，把满足现实需要作为重要指向和强大动力，可以大大增强学习的效果。将学习与工作结合起来，使学习助推工作，进而让工作引导我们正确学习。学习与工作的有效结合不但使我们工作起来更为得心应手，更是提升我们自身综合素质、增强竞争力的有效手段。在工作中学以致用。学习的目的是应用。坚持边学边用、学用结合、以用促学，把满足现实需要作为重要指向和强大动力，可以大大增强学习的效果。必须勤于学习。既要加强对理论的学习，又要加强对业务知识的学习；既要带着需求学，又要带着方法学；既要注重学习方式，又要注重学习效果，讲究“溢出效应”。通过学习，提高自身的能力和水平。

职工要把学习当作一种责任，一种修养，一种境界，一种常态，而不是一种负担，当作自己的分内事、要紧事来看待，变“要我学”为“我要学”，要视学习为一种持续性、战略性的能力素质培养过程。我们要树立工作学习化、学习工作化即在学习中生活、在生活中学习的理念。现代知识经济时代，工作与学习密不可分。学习不再是在教室里或者上岗前的孤立活动，而是个人高效工作的核心。人们不必撇开工作专门抽时间来学习。相反，学习就是工作的核心，学习是劳动的形式，学习是工作的基础和前提，工作是学习的延伸和深化。

三、向他人和社会学习

面对社会的“七十二行”，每个人都可能是外行，都有需要学习的东西。身边围绕的每个人都有其突出的一面，都有值得学习的地方，在工作中，要多学多问，在别人解决问题的时候，通过换位思考，寻找自身差距。通过与身边的人多沟通交流，在交流中增进友谊，寻求思想碰撞，获取团队智慧，切实提升实践能力。“三人行，必有我师焉”“他山之石，可以攻玉”，以谦虚的态度，从身边的人开始，向他人学习，坚持能者为师，知者为上，不懂就问，不会则请，学习他们敬业的精神，聆听他们成长的艰辛，佩服他们不灭的希冀，把他人的经验转化成自己的本领，把他人的教训当作自己的启示。

（一）向同事学习

同事，是我们每个人工作中的同行者、合作者。优秀的同事给我们的生活和工作带来美的享受。不论是老同事还是新同事，只要我们善于发现，从他们的身上就一定可以找到他们具备而我们暂时还没有具备的，且对我们工作非常有用的知识和技能。由于工作中我们和同事朝夕相处，我们可以通过工作合作、业务交流、请教、阅读同事的历史工作资料等途径去向同事学习。要善于在比较和鉴别中提高。学他人，补自己，促自己，不断超越，获得成功。

（二）向上级学习

在工作过程中，向上级或领导、上司学习，是不断提高自己工作能力的重要途径。由于彼此的工作性质接近，与自己在同一个团队中工作的上级，他所具备的能力往往都是我们日后能更好工作所需要的。上级的专业技能、工作经验、社会阅历、为人处世等许多方面往往是我们所需要学习的。我们可以通过向上级请教、留意上级工作方法等多种途径，学习到上级具有而自己所欠缺的知识和技能。

（三）向朋友学习

在学习、生活和工作的过程中结识的一些朋友，也是学习的对象。让朋友成为良师，让社会交往活动成为课堂。时刻从朋友身上学习长处和经验。朋友，既有与自己职业相同或相近的，也有完全不同的。朋友所掌握的一些知识和技能，自己往往很难或无法在工作的过程中学习到，而这些知识和技能对于自己现在或以后的工作却是非常有帮助的。对于很难天天见面的朋友，可以通过邮件、电话、视频、聚会等途径向他们学习。一个人的交际需要进行选择，应该选择那些优秀的、品德高尚的人作为朋友，然后和他们打成一片。在潜移默化中，你就变成了一个与以前很不一样的人。有很多人是凭借自己渊博的学识和很高的修养得到相应的荣誉，与这样的人交往，从中可以得到非凡的智慧，找到人生的真谛。与优秀的人交往，能够得到热情的回应和有益的指导。

（四）向社会学习

社会上有许多知识对我们的工作和人生非常有用，因此需要我们去认真品味和学习。走出自己的企业、机关和事业单位，就会迎来面向社会学习的机会，比如看电影、戏曲、歌舞、体育比赛，以及一段广告、一句陌生人对话，都可能会让我们受益匪浅。

四、参加集体学习和技术活动

（一）参加职工主题教育

职工主题教育是以活动为载体，在职工中开展一种专题性教育实践活动。寓教于具体活动，寓教于职工实践，使职工在实践中深化对主题的认识和理解。主题教育直观、具体、生动、感性。例如，通过参加“中国梦·劳动美”主题宣传教育活动，立足岗位、凝聚力量，自觉做中国道路的实践者、中国精神的承载者、中国力量的主力军，为实现伟大的中国梦努力奋斗。

（二）参加职工读书自学活动

通过参加职工读书自学活动，获取知识、提高技能、增长才干。激励自己岗位成才、自学成才，不断在实践中完善自己，在竞争中提高自己，在奋斗中充实自己。驱动职工自学，提高自身素质，增强自我提升的自觉性，是职工获取知识、提高技能、增长才干的主要途径。

（三）参加培训班

作为职工，为了快速提升自己的知识和技能，积极参加建功立业创新创造建设工程、产业劳动和技能竞赛、群众性创新创造活动。培训老师和师父传授的知识和经验往往可以让我们少走或不走弯路。根据工作需要和职业规划，有计划地参加一些有针对性的认证考试。

本节小结

术业有专攻，行行有学问。敢揽瓷器活，定有金刚钻。现代企业在用人时非常强调个人知识和技能。事实上，只有敬业精神与能力兼有的人才是企业真正需要的人才。

坚持干什么学什么、缺什么补什么，紧密结合自身工作的特点和要求，多学习与本职工作相关的新理论、新知识、新技能、新规则，学习各种业务知识和基本技能，由浅入深，先易后难，逐步提高，不断丰富自己，充实自己，努力成为本行业、本专业的行家里手。有条件的职工，根据工作的需要，应该做到“一专多能”。技术业务的“多能”也有利于“一专”。

在平时的工作过程中，如果我们能做一个有心人，将会发现学习的机会俯拾皆是。能在日常的工作中发现和利用一些别人难以发现或利用的学习机会的人，必将成长得更快，也更容易取得好的业绩。

第四节 恪尽职守是职工岗位“破圈”出彩的精神支柱

热爱本职，就是职业工作者以正确的态度对待各种职业劳动，努力培养热爱自己所从事工作的幸福感、荣誉感。做好本职工作是一个人最基本的职业道德，也是一个对工作最起码的标准。

一、从小事或卑微事做起

（一）从小事做起

小事，是指工作和生活中常见的、简单的、琐碎的事。大多数人在大多数的时间里都是在做平凡的小事。每一个人都希望自己能够做出一番大事业，体验成功的感觉，然而在社会这部大机器中，更多的人担任着一颗“螺丝钉”的角色，为这部机器的运作默默地贡献出一份力量，虽然微小，却不可缺少。

完成小事是成就大事的第一步，从小事做起，以小博大。英国诗人布朗宁写道：“实事求是的人要找一件小事做，找到事情就去做。空腹高心的人要找一件大事做，没有找到则身已故。实事求是的人做了一件又一件，不久就做一百件。空腹高心的人一下要做百万件，结果一件也未实现。”

把小岗位搭成大舞台。老子的《道德经》说：“天下大事，必作于细。”大事是由若干个具体的小事组合而成的。从细节做起，小处着眼，大处着手。在本职岗位上不辱使命、担当责任，把该做的事情做好、做优、做成品牌。

一个人“拙于用小”，也必然“拙于用大”，一个拒绝做小事，不会做具体工作的人，不可能成就大的事业。从小事到大事，既有量的积累，更有质的飞跃。小事中蕴含着大道理，具体事中有大哲学。一切从小事做起，从小成功出发，真正做好一件小事、具体事，并不容易，需要动手能力，更需要高超的思维方法。成功学大师卡耐基曾经说过：“一个不注意小事情的人，永远不会成就大事业。”

有一个真实的事例，世界著名管理咨询公司在谈到该公司在半年之内给毕业仅半年的小张加薪三次的原因时说：“没有什么，我们就是发现她糊的信封总比别人的漂亮，公司的人在需要的时候总是想到交给她就行了。”

案例分享

2023 年 4 月 24 日晚，山东省评选出 10 位“齐鲁最美职工”，位于东营市的黄河三角洲生态监测中心副主任赵亚杰就是其中的一员。2014 年，刚刚博士毕业的她从东北来到山东，初到黄河入海口便被吸引住了。“广阔的三角洲，一望无际的芦苇丛，一群群的鸟儿飞过天空，这种壮观景象深深地震撼了我。”赵亚杰说。她当时就爱上了这个地方，并最终决定在这个神奇的地方留下来。如今，她已是黄河三角洲生态监测中心的高级工程师。

9 年来，她长期从事生物多样性监测、智慧化保护管理工作，连续动态监测关键物种变化，用科研数据服务黄河流域生态保护和高质量发展，为山东省创建“中国东方白鹳之乡”“中国黑嘴鸥之乡”、申报黄河口国家公园、获评“生态中国湿地保护示范奖”积累了基础数据，作出了突出贡献。

为了和鸟儿们尽快“熟悉”起来，赵亚杰曾连续好几个月吃住在基层管理站。春季打卡泥泞滩涂，穿着齐胸高、密不透风的连体橡胶裤，背着十几斤重的望远镜、三脚架、照相机等设备，蹚潮沟、走样线，奋力守护 80 多种 18 万只北迁水鸟栖息的核心区域，获取“鹬蚌相争”的资料，为黄渤海候鸟栖息地（第二期）申遗提供数据支撑。

夏季，她蹚沼泽，登繁殖岛，开展国家一级保护鸟类黑嘴鸥等监测和环志工作，逐个观测记录黑嘴鸥繁殖情况，徒步踏查湿地280万平方米，统计5147个繁殖巢，成功为40只黑嘴鸥佩戴卫星跟踪器、彩环、金属环，通过互联网+全球定位系统，实时掌握野生鸟类繁殖、迁徙动态，为保护生物学插上科技的翅膀。

她还挖掘弘扬黄河文化，打造生态教育的形象平台，传播人与自然和谐声音。她深入研究湿地、黄河、海洋、候鸟等资源，针对中小学生，研发自然教育课程60余项，设计研学体验路线5条，带学生“行万里路”，走进湿地，观察鸟类，感触植物，探索自然奥秘，成功申报省级研学旅行基地。

（摘自中工网2023年4月26日）

（二）从卑微事做起

卑是低下，微是微小，卑微是指卑贱微小，地位低下。卑微常用来形容身份、地位都比较低下的人或物。莎士比亚说：“卑微的工作是用艰苦卓绝的精神忍受着的，最低陋的事情往往指向最崇高的目标。”

20世纪70年代初，美国麦当劳总公司看好中国台湾市场。他们在正式进军台湾市场前，需要在当地培训一批高级干部，于是进行公开的招考选择。由于要求很高，许多初出茅庐的年轻人都没有通过。经过一再筛选，一位名叫韩定国的年轻人脱颖而出。最后一轮面试前，麦当劳的总裁与韩定国谈了三次，并且问了他一个让人意想不到的问题：“假如我们要你先去洗厕所，你愿意吗？”还未等他开口，一旁的韩太太便随意答道：“我们家的厕所一直都是他洗的。”总裁十分高兴，免去了最后的面试，当场决定录用韩定国。

这个故事给了我们启示。第一，从卑微的事做起。万丈高楼平地起，有上升的空间，且上升之后，不会忘记自己曾卑微过。韩定国后来之所以能成为知名的企业家，就是因为一开始就能从卑微的小事做起，做别人不愿做的事情。在生命的长河里，如果没有人为你造船，让你过河，那你就挽起裤子，自己蹚水过去，到达对岸后定会尝到成功的喜悦。第二，“非以役人，乃役于人”。意思是并不是使用别人，而是被别人使用。不要老想着管理别人，要多想被别人管理。第三，“以家为尊”。即把家作为最重要的考量。在家里能做的事，在单位也应该能做。这是一个很重要的理念。在家里，对父母不孝，夫妻关系不和；在单位，尊敬领导，友善同事，会是真的吗？

古今中外很多名人和成功者都是从卑微小事做起的。例如，香港的亿万富翁余彭年，在他 26 岁时曾怀揣着对梦想和人生的渴求，离开老家湖南来到香港闯荡，但由于人生地不熟，广东话又听不懂，又无任何背景，连连碰壁使他心灰意懒。这时他已经身无分文，只能放低姿态，在一家公司找了一份勤杂工的工作。那是一份薪水极低的工作，而每天要做的工作只是周而复始地扫地、清洗厕所等。虽然这是一项卑微的工作，但余彭年知道想要获得成功，必须有一段低头的日子，于是他专注于扫地。经过半年的辛勤劳动，他被老板提升为办公室的一名职工。此后，他不断被提升，再后来又创立了自己的公司，生意越做越大，成为有名的亿万富翁。还有，“新闻巨人”普利策创业之初干过骡夫，“石油大王”麦卡锡在石油工地卖了好几年水。英国《泰晤士报》的总编辑福格当初到这家报社求职时，从事报社最低级的清扫工和收发件等工作，由于工作勤奋刻苦，20 多年后当上了这家赫赫有名的报社的总编辑。

案例分享

2022 年首都劳动奖章获得者王新伟，从一名洗碗工变身集团行政总厨，就是一个很好的范例。

王新伟 19 岁时，从河南省周口市的一个农村贫困家庭外出打拼，跟着老乡来到北京大鸭梨餐饮有限公司八里庄店当洗碗工；19 年后，经过勤学苦练，当年的洗碗工一步步晋升为集团行政总厨，时刻践行对母亲“做对社会有用的人”的承诺。

那时厨房条件简陋，他穿着雨鞋工作，长久下来脚泡烂、手脱皮。当看到大厨得到客人夸奖，而且工资也高时，他暗自决心成为一名厨师！

有了目标，心中就充满了干劲。每天早上 6 点，王新伟就到店做准备工作，脏活累活抢着干，主动给厨师打下手，晚上又留在厨房练习，离店时常常已过午夜 12 点。

通过两年多的不懈努力，王新伟终于得到了大厨的认可，正式成为一名厨师。又是两年的勤学苦练，他被晋升为厨房主管，随后又一路做到了集团行政主厨，并连续多年被评选为集团年度优秀员工。

在此后的职业生涯中，王新伟多次参加技能竞赛，还获得过 2022 年首都劳动奖章、2023 年北京市最美农民工等荣誉。

“2014 年，国宝级烹饪大师崔玉芬被我的勤奋好学打动，同意收我为徒。”说起师父，王新伟满脸自豪。经过 20 多年对厨艺的潜心钻研，他终于拥有了自己的代表菜品。

“做好传帮带，培养出更多优秀的烹饪技术人才，回报社会，这是我的理想。”收获行业荣誉的王新伟，不忘帮助新员工熟悉菜品烹饪流程，树立烹饪自信。

经过不间断的周期培训，近百位从云贵川偏远山区和技校来到公司工作的员工，烹饪技术得到普遍提升，逐渐走上厨房的关键岗位。

“员工更加自信，也更热爱厨师这份工作了。”好菜品赢得好口碑，王新伟连续三年获得大鸭梨集团“年度优秀导师奖”荣誉。

（摘自中工网 2024 年 1 月 19 日）

成功就是破译了从卑微到伟大的密码。在茫茫人海中，我们每一个人都只是微尘。刚参加工作的青年职工不要高估自己，不要漠视和放弃初始的“低就”，没有低，就没有高，如果你不踏上这个锻炼自己的起点，永远不可能“高成”。《韩非子·显学》中有曰：“猛将必发于卒伍。”人的职业生涯是一个漫长的、不断求索的过程。不要一开始就因为各种原因而高不成低不就，一个“立长志”的年轻人，为了“高成”，在职业的道路上能够做到“低就”，是一种大智若愚的表现。

只有先从卑微的工作开始做起，做别人不愿做的事情，才有机会赢得机遇，创造成功之路。只有从小事做起，才能从实践中总结经验。有志向的职工不会忌讳身份、地位，放下外在的光环，投入实际工作中，收获的是经验与人气。在各自的岗位上带着感情去工作、满怀激情去干事、不遗余力干成事，让自己的人生在平凡岗位上出彩，坚守梦想，坚守平凡，做好每一件工作，即便是普通的人生，同样也可以成为“明星”，同样也可以出彩。

（三）把小事做细

想要做好某一件事，应该知道该干什么、怎么干、干到什么程度，其中很重要的一条是按照操作规程，把小事做细，保质保量地完成任务。细节决定成败。精雕细刻，是做好工作的法宝。老子说：“天下难事，必作于易；天下大事，必作于细。”注重细节，小处着眼，小事着手。看不到细节，或者不把细节当回事的人，对工作缺乏认真的态度，对事情只能是敷衍了事。广大职工应认真对待工作，将小事做细，而且注重在做事的细节中找到机会，从而使自己走上成功之路。任何一项工作，没有细致扎实的态度，是断然难以做好的。

案例分享

有位老铁匠一丝不苟地锻打着每个物件，因木讷寡言，生意并不红火。同样一个物件，别人敲打一上午就能完工，他非要干上两天才行。人们都说他心眼太死，可他不管这些。有一年，他打了一条船用巨链，被用作一艘大海轮的主锚链。但在以后的日子里，这条巨链并没有派上用场，被搁置在船上形同虚设。几年后的一天晚上，海上突然风暴骤起，船随时都有可能被冲到礁石上，被抛下去的锚链都被挣断了。就在大家感到绝望的时候，有人突然想起了那条锈迹斑斑的锚链，于是把它抛下去，就是它紧紧地拉住船体，才让全船1000多名乘客安然无恙。我们应该向老铁匠学习，扎实地打好每一锤，打造质量过硬的产品。

越想成就大事，就越要认真做好每一件小事和细节。从小事做起，从基础做起，用埋头苦干的行动创造实实在在的业绩。只有认真地做好每一件小事，才能把事情做到尽善尽美。

二、对工作高度负责任

在这个世界上，每个人都扮演着不同的角色，每一种角色又都承担着不同的责任。对角色饰演的最大成功，就是完成自己应尽的责任。责任就是自己分内应该做的事情，是每一个公民作为社会人应有的价值观。人在社会中生存，就要对自己、对家庭、对集体、对祖国承担并履行一定的责任。责任是成就事业的可靠途径。

天赋责任。责任重于泰山。丘吉尔说过："伟大的代价就是责任。"美国著名的社会学家戴维斯曾说："放弃了自己对社会的责任，就意味着放弃了自身在这个社会中更好生存的机会。"

在职场上有这么一种说法"你所做出的成果，要比老板的预期再高出20%"。当然，这句话不能那么绝对，能不能超常完成任务还有其他因素的影响。这里要说的是，想要发展更上一个台阶，只是"把工作完成"这样的程度是不够的，可替代性很高，没有你，其他人也可以完成。只有把工作做好、做出彩，你才可能获得质的变化。

尽职尽责是培养敬业精神的土壤，责任是对人生义务的勇敢担当，责任是对生活的积极接受。有了责任心，就会用心做事，会细化工作措施，将每一个工作环节考虑周全，再困难的工作都能克服，再危险的工作也能减少风险。“粗心、懒散、草率”是认真的死敌。只是“差不多”或者“将就”，再简单的工作也会出差错，再安全的岗位也会出现险情。

责任是实现自身全面发展的必由之路。有理想、有道德、有文化、有纪律，都与责任相联结，通过履行责任来体现升华。每个人只有全面履行责任，才能使自己的潜能得到充分的挖掘和发挥。

让责任在心灵深处形成一种强大的规范意识，形成一种潜在的本能，并把这种规范和本能转化成强烈的责任心和干事创业的欲望。变“要我干”为“我要干”、变“被动”为“主动”、变“敷衍了事”为“严格要求”。既不要越俎代庖，也不要得过且过。责任在肩才能激起一个有能力的人的奋斗意识。把平凡的工作岗位当成不平凡的事业，把小事当成大任务来完成。

优秀的职工把自己的工作和企业的发展融为一体，把工作看成一个实现抱负的平台。在职场出类拔萃的秘诀在于：把企业当作你自己开的，把企业当作自己的产业，能够让你拥有更大的发挥空间。

案例分享

美国标准石油公司小职员阿基勃特出差住旅馆时，总是在自己签名下方写上“每桶 4 美元的标准石油”，在书信及收据上也不例外。公司董事长洛克菲勒知道这件事后说：“竟有职员如此努力地宣扬公司的业务，我要见他，请他共进晚餐。”后来，洛克菲勒卸任，阿基勃特成了第二任董事长，在签名的时候，仍署上“每桶 4 美元的标准石油”。阿基勃特做了这件小事，并坚持把这件小事做到了极致。在嘲笑他的人群中，肯定有不少人的才华、能力在他之上，可是最后只有他成为董事长。

对企业和社会负责，也是对自己负责。这是因为企业和社会事业发展了，个人利益必然会随之增长；个人为企业和社会作出贡献，其自身也会得到相应的承认或报酬，人们自身价值就会在企业和社会事业的发展中得到体现与升华。

在企业里，责任保证了能力的实现。无论你有多么优秀，还是要通过尽职尽责地工作，才能展现出来能力。一位哲人说过，当我们竭尽全力、尽职尽责时，不管结果如何，我们赢了，因为这个过程带给我们满足，使我们成为赢家，没有责任感的人，容易养成轻视并敷衍了事的坏习惯。

案例分享

在陇海铁路上，有一座全国唯一用人名命名的铁路桥——杨连第桥。这座英雄桥高 45 米、长 172.5 米，耸立在秦岭余脉峭壁中，中国铁路郑州局集团有限公司洛阳工务段杨连第桥隧工区工长李玉斌，在这座桥上守护了 15 年。

早上 6 时至 9 时是杨连第桥的检修天窗期。3 个小时内，李玉斌必须通过空中作业，检修完这座相当于 15 层楼高的钢结构桥梁，与地面作业相比，他要付出几倍的努力。除了高空作业项目，完成隧道打冰、山体挂网这些急难险重任务，也是李玉斌的工作常态。“我的爷爷是新中国第一代铁路人，他守护杨连第桥 18 年直到退休。后来，父亲也扎根这里，一干就是 38 年。2008 年，我来到杨连第工区报到的第一天，我父亲叮嘱我一定要接好班，守好桥。如今，接力棒传到我的手上，我一定要承担起这份责任。”多年来，李玉斌和工友及时发现处理各类隐患 200 余件，管辖范围内未发生一起行车安全事故。

“我会再接再厉，踏着英雄的足迹，用实际行动把大桥守好、把英雄故事讲好。”李玉斌说。

（摘自中工网 2023 年 5 月 30 日）

三、弘扬工匠精神

我国自古就有“差之毫厘，谬以千里”的成语，《庖丁解牛》中的庖丁、制造大师鲁班、《核舟记》中的奇巧人，无不是这一精神的典型代表。工匠精神的时代内涵早已超越了工匠这个群体，而推及更广泛的行业或职业群体，不仅存在于制造业，也存在于服务业，不仅物质生产领域需要，精神生产领域也同样需要。当前，我们的时代已正式进入“零误差”时代，即使是局部、微小的误差和疏忽，也可能铸成大错。因此，工匠精神在这个时代也更加具有现实意义。

“工欲其器，匠入其门 ”，说的是工匠要做好一个产品，必须摸到制造产品的门道。一个人之所以能够成为“工匠”，是因为他对产品品质的追求，只有进行时，没有完成时，永远在路上；不惜花费大量的时间和精力，反复改进产品，努力把产品的品质从 99% 提升到 99.9%，再提升到 99.99%。在工匠们的字典里，精益求精被理解为没有最好，只有更好。当日夜重复着相同的工作时，他们仍然没有停止对创新的追求，在各自的工作岗位上精益求精、追求完美，从不放过任何一个细节。我们的工作内容虽有差异，但工作背后的“匠心”是无差别的。

案例分享

从前，在长江中下游一带的民房大都是树木做柱子、做搁梁，上面盖稻草或布瓦。一个叫八湾的村庄里有一个名叫思彬的木匠师傅，为人忠厚，木讷寡言，他带着几名徒弟一丝不苟地建设每一栋房子，做好每一件家具，建设同样的房子或制造同样的家具，他的用工时间是人家的两倍多，人家做一天做完，他却要做两天或三天，因而有些人认为他做活太慢，不请他做。有一年，当地遭受台风，整个村里，唯有他做的房子没有倒，其他人做的房子都不同程度地倒塌了。

事后，有人问思彬师傅："您建设的房子为什么这么牢固？"思彬师傅说："建设这样的房子，关键是木头与木头之间的连接，我用'榫卯连接'工艺构建的房子，遇到大风等外力晃而不散，且很多情况下，结构或紧或松，做得牢不牢固一般人当时是看不见的，全凭木工师傅的良心。"

这个人看向思彬师傅刚做完的一个漂亮的小柜，发现抽屉的背面也做得很精致，问："为什么在抽屉的背面费那么多的功夫呢？谁都不会晓得的。"思彬师傅抚摩着漂亮的小柜说："我晓得。"

弘扬工匠精神，认真扎实地打造出质量过硬的产品。在平常，产品的质量也许难以看出来，但到了关键时刻，能保护人们的生命财产安全。如何才能保证产品质量呢？产品有"正面""背面"，有"外面""里面"，有用户容易看到的、不容易看到的，作为产品的制造者，要有高度的主人翁责任感，只有将自己分内应做的事情做好，才能成就事业。广大职工要让责任在心灵深处形成强大的规范意识和潜在本能，并转化成强烈的责任心和干事业的欲望，努力掌握事物的客观规律，做到庖丁解牛、得心应手、游刃有余，对质量精益求精、对制造一丝不苟、对完美孜孜追求。

一丝不苟、精益求精，是各行各业获得"大国工匠"等各类工匠荣誉称号工人的共同特点。

案例分享

南京中电熊猫信息产业集团有限公司所属南京熊猫电子股份有限公司电工特级技师陆峻，在各项技术攻关中身先士卒、勇挑重担、迎难而上。2016年，陆峻及其团队首次进行厚度为0.3毫米的液晶显示玻璃基板传输的生产尝试。在测试中他发现，玻璃在滚轮上受力不均，存在引发玻璃基板爆裂的隐患，一旦爆裂不仅要承担损失，细微的残渣还会给无尘车间带来大麻烦。为解决这个连机器都无法操作的关键性难题，他只能依靠工业经纬仪的测量和人手细致配合，在像纸一样薄的玻璃上“雕刻”。经过微调整，“平板显示智能制造系统制造与维护创新项目”不仅打破了国外的技术封锁，取代数十亿元的进口装备，还荣获2020年江苏省科学技术奖，终于实现0.3毫米最薄玻璃的平稳传输，填补了液晶制造行业的这项空白。

在承担公司多个重点项目工作中，陆峻先后获得国家发明专利授权2项，国家实用新型专利授权16项，国家软件著作权2项；江苏省科学技术三等奖1项，中国电子学会科技进步二等奖1项，中国电子科技进步二等奖1项，中电熊猫科技进步三等奖1项。

多年持续学习，陆峻积累了深厚的知识和技能功底，在面对各重大项目时游刃有余。在国家部委给南京熊猫下达的“新型平板显示自动化移载产业化项目”重大项目中，他不仅完成自己的本职工作，还提出17项改进建议。他自己开发的专用测试软件将每个分系统测试时间由原来的8小时缩短到3小时内，一般技术水平的工人也可以独立完成测试工作，既缩短了测试时间，又降低了测试难度。

多年来，陆峻为南京熊猫培养出高级技师16名、维修电工技师23名，指导和教育后辈的优秀案例更是不胜枚举。

（摘自中工网2023年6月20日）

一些身怀“绝技”的一线职工，扎根于各行各业，在平凡的岗位上书写出不凡的故事。三百六十行，行行出状元。身怀“绝技”的职工把工作干到超一流水准，干到让人心悦诚服、肃然起敬，用精湛的技艺诠释着劳动之美。品质出自人心，精品出自精心。技能之美饱含着一线职工对工匠精神的向往和追求，技能成才更离不开劳模精神、劳动精神的滋养。他们坚持干一行、爱一行、钻一行，勇于攀登技能高峰，才练就了一身绝技绝活，也才能担大任、干大事、成大器、立大功。

四、把平凡串联成不平凡

平凡并不等于平庸。平庸的人得过且过，做一天和尚撞一天钟。甘于平凡，才会守住本分，从而在属于自己的人生位置上，认真负责、精益求精，创造生活也享受生活。许多人认为自己“怀才不遇”，在自卑自叹中把自己从平凡推向平庸的深渊，误了自己的人生和事业。平凡之中寓伟大，细微之处显精神。人，无论处在什么位置，只要有一颗火热的心，只要热爱生活，努力奋斗，就会拥有不平凡的人生。

绝大多数人所从事的并不是惊天动地的大事业，而是在平凡的岗位上从事着平凡的工作，不要求每一名职工都成为推动社会发展进步、力挽狂澜的重要角色，只要求每一名职工成为通往成功路上的一小块铺路石，汇集成沧海的一滴水。职工要在自己工作岗位上，倾注于一个个零件、一道道工序、一次次试验；愿意做小事，乐于做小事，把小事做好；甘于做平凡的事，坚持做平凡的事，把平凡的事做成，这就是有所作为。

任何人的成就都是一步一个脚印积累的。天道酬勤。有很多成功人士，在平凡的工作岗位上，通过努力奋斗，实现了从平凡到优秀，从优秀到卓越，追求出了精彩，为企业、为社会、为国家作出了卓越的贡献。

案例分享

2023年“最美职工”次仁措姆。西藏顺丰速运有限公司运作组组长次仁措姆，在十多年的快递生涯中，她忙碌的身影穿梭在拉萨的大街小巷，经手的快递多到数不清，工作中从未出现过任何失误。如今该公司已经从刚成立时的十多个人的小团队，发展成了一两百人的大家庭。同时，她业务技能熟练，好学上进并积极发挥传帮带作用，大家都亲切地称呼她“措姆姐”。

（摘自中工网 2023 年 5 月 9 日）

本节小结

“心心在一艺，其艺必工；心心在一职，其职必举。”恪守职责、兢兢业业是每个职工的天职。只有恪守本职，才能升华价值。干到让人心悦诚服、肃然起敬，就是用精湛的技艺诠释劳动之美。技能之美饱含着一线劳动者对工匠精神的向往和追求，技能成才更离不开劳模精神，劳动精神的滋养。劳动价值有大小，劳动分工无贵贱。人非大学不成，志非大才不就。“不积跬步，无以至千里；不积小流，无以成江海。”只有在自己的岗位上一点一滴地积累，用心对待每一天的工作，认真做好一件件小事，人生才会出彩，梦想才会实现。我们珍视每一个梦想、呵护每一次努力，让更多人享有人生出彩的机会。人这一辈子无法做太多的事情，所以每一件都要做得精彩绝伦。只有串联平凡，才能铸造优秀。

第二章

超越自我、争创一流是职工岗位“破圈”出彩的追求目标

在这个世界上，每个人都是独一无二的，都是珍贵的个体。每个人都在不断地追求着更高的目标，希望能够成为一个更好的自己。如何不断地超越自我，战胜自我，是一个永恒的课题。在这个世界上，很多人都在超越自我的过程中力争上游，“争创一流”，才形成“比学赶帮超”的生动局面。“争创一流”是“爱岗敬业、争创一流、艰苦奋斗、勇于创新、淡泊名利、甘于奉献”劳模精神的重要内容之一，表明“争创一流”是在“超越自我”的基础上对标先进，争取名列前茅的业绩。好比登山，辛苦爬到了半山腰，可以看到参天大树、满眼碧绿；如果继续迎难而上，抵达山顶，便一览众山小，目及之处皆是风景。有方向感的信心，充满超越自我的意念力量，“欲穷千里目，更上一层楼”，就有可能“破圈”出彩，争创一流，缔造一个美好的未来。

第一节　自我超越是职工岗位“破圈”出彩的动力源泉

自我超越，就是超越自身的限制和现状的局限，扩展自己的认知和能力，实现自己的成长和发展。浪花超越了平湖，才有了波涛汹涌的壮观；松柏超越了平常的树，才有了“大雪压青松，青松挺且直”。先做好自己，再追求卓越。让我们从现在开始，努力深耕自己，创造属于我们的辉煌！

一、自我超越的内涵及意义

“自我超越”是由维克多·埃米尔·弗兰克尔（Viktor Emil Frankl）提出的一个概念，他认为人真正追求的不是自我实现，而是超越自我的生活意义。这种追求包含了对自然界、人类社会和文化，以及人在其中所处位置的探索和理解，目的是更好地把握人生，更有意义地去生活。对人生意义的追求，不是满足于自我的平衡状态，而是在于一种自我的超越，表现为勇于承担责任，敢冒风险，不断地创造。我们需要从多个角度来探索和实践出超越自我的方法和意义，让自己的人生更加充实、更加有意义。

从心理学的角度来看，每个人都拥有独一无二的内心世界，它是我们情感和渴望的源泉。当我们真诚地正视内心的渴望和情感时，才能找到真正适合自己的道路。因此，超越自我是一个与个体心理健康密切相关的课题。每个人心里都有一个心理蓝图，在心理学领域，这种蓝图被称为“自我形象”。

“自我形象”的神奇之处在于，人的行为、感情、举止、才华总是与“自我形象”相一致；如果你把自己想象成一个“成功者”，你就会按照“成功者”去行动，如果你把自己想象成一个“失败者”，你就会不自觉地踏入失败的深渊，即使你拥有美好的愿望、坚强的意志力，甚至是很好的机会。“自我形象”是可以改变的，改变“自我形象”可以改变你的性格、习惯和行为。

从哲学的角度来看，自我超越作为对智慧的追求，鼓励人们深入思考生活的意义和价值，帮助人们寻找到通往智慧的路径；自我超越作为一种思维方法，培养了人们批判性的思维和逻辑推理的能力，同时，提供了解决问题的思维框架。自我超越更是一种人生态度和价值观。

第一，自我。即坚守自我。这意味着在生活的各个方面，我们都要保持真实、正直和忠诚。无论外界的环境如何变化，我们都应该坚守自己的道德标准、人生目标和内在价值。这包括对自己的认识、对人生目标的坚持，以及对个人尊严的维护，保持内心的平衡和满足感。

正如易发久所著的《成功一定有方法》中说的，无数事实告诉我们：一切结果的根源常常不是事物的本身，而是有权对该事物作出不同评价与解释的我们自己——我是一切的根源！让我们不再抱怨。因为“我是一切的根源”。我是我认为的我，有什么样的自我期望，就会选择什么样的信念；有什么样的信念，就会选择什么样的态度；有什么样的态度，就会有什么样的行为；有什么样的行为，就会有什么样的结果。因此，要想结果变得更好，先让行为变得更好；要想行为变得更好，先让态度变得更好；要想态度变得更好，先让信念变得更好；要想信念变得更好，先让自己选择更好的自我期望。在自己的心目当中，你认为自己是什么，最终你就会是什么。

第二，超越。即不断自我挑战，走出舒适区，寻求成长和进步，激发个人的最大潜能。你能够成为什么？唯一的限制就是你头脑里的框框，你的外部世界永远反映的是你的内心世界，要想改善外部世界，必须努力改变你的内心世界！没有比脚更长的路，没有比人更高的山，没有做不到的事，只有想不到的人。阻挡你前进的不是高山大海，而往往是自己鞋里的一粒小小的沙粒。

从实践角度来看，需要理解和把握社会生活的本质。我们需要不断地反思和审视自己，认识到自己的局限和不足；需要敢于挑战自己的舒适区，挑战一些自己之前从未尝试过的事情；需要不断地寻找和开拓新的可能及方向，不断地反思和总结经验。通过学习新的知识和技能，参加社会实践，拓宽视野、承担新的责任，不断挑战自己的极限，挖掘自己的潜能。自我超越需要实践，如果只是有愿望，却不去实践，就如同一只蜜蜂不去酿蜜一样。只有实践，才有可能会超越。

哈佛大学著名教授威廉·詹姆斯曾经说过：人生的成功不在于我们与他人相比如何，而在于我们与我们所能做的相比如何。一个成功的人总是与自己竞争，不断创造新的自我纪录，不断改进和提高。要明了成功的秘密就是每天更新自己：你不与别人竞争，并不意味着别人不会与你竞争；你不淘汰别人，就会被别人淘汰。别人进步的同时你没有进步，就等于退步。你没有构建任何适应竞争、抗击风险的能力，当下一次危机来临时，你会不堪一击，第一个倒下的就是你。我们可能会在不断提高和改造中超越自己，攀登人生高峰。但别忘了，舍己为人才能更上一层楼。所以，超越自己之后，不要秉性自大，更应该帮助别人。因为助人者乐，被助者益。

二、直面自己长短，不断认识提升自我

人生就是不断试错的过程，既要有足够的耐心，也要有推倒重来的勇气。“认识自我”犹如一把千年不灭的火炬，照亮了人类与生俱来的内在要求和至高无上的思考命题。杨绛先生说：“人生一世，需有三个自觉，无非是认识自己，洗练自己，自觉自愿地改造自己，除非甘心与禽兽无异。”这句话是杨绛

先生用她一生的智慧，为我们点亮前行的灯塔。尼采曾说："聪明的人只要能认识自己，便什么也不会失去。"生活中不可能有十全十美的东西，任何事物都有一定的缺陷，"认识自我"，首要是一分为二地看自己。一个人的优点和缺点就像一个硬币的正反面。人与生俱来就有长处和短处，每一个人都是一个有短板的水桶，只有正视短板，拾遗补阙，才能有所成就。每个人都会有不可避免的弱点和缺陷，只有正视这些不足并积极寻求改变，才能实现真正的自我进步。同时，我们应当学会从他人身上学习和借鉴。虚心学习别人的长处，弥补自己的短处，增长自己的知识，提高自己的能力，以此改变自己。如同一位优秀的园丁，不仅要善于修剪自己的花朵，也要观察他人的园艺并从中汲取经验。这样才能够不断提高自己的素质和能力，实现自我价值。这就需要找到自己改变或者超越的内容，找出自己前进的动力。

学会欣赏自己的独特，认识自己的个性和特长，并将其发挥到极致。这使我们能够发掘自己的潜力，提升实力；照顾好自己的身体和心情，终将收获一个闪闪发光的自己，把人生过成独一无二的"限量版"，成为目标领域中脱颖而出的人。

有一个重要理念：背景普通、智力普通、精力也普通，确实没什么明显的优势。但不管你再怎么普通，没有明显的优势也是可以创造优势的。世间唯有时间是公平的，一天 24 小时，谁也不会多 1 秒 ，谁也不会少 1 秒。普通人应利用时间创造的优势，集中在自身擅长的细分领域上，投入压倒性的时间。"吾生也有涯，而知也无涯，以有涯随无涯，殆已。"人生短短几十年，活成一道专注的"激光"，日积月累收获复利，这样才能越过所有阻碍，发挥自己的优势，活出自己的精彩。

三、保持积极心态，享受职场生活

积极心态，主要是指积极的心理态度或状态，是个体对待自身、他人或事物的积极、正向、稳定的心理倾向，它是一种良性的、建设性的心理准备状态，在学校进行心理教育、心理咨询与治疗操作层面上，主要指学生各种正向、主动、积极的心理品质的培养和训练。用积极心态面对工作中遇到的问题、困难、挫折、挑战和责任。从正面、积极的一面想，从可能成功的一面想，积极采取行动，努力去做，这些思维模式统称为可能性思维、积极性思维、肯定性思维。做事拥有积极的心态，也是一种生活态度，让生活充满阳光并享受生活的过程。

消极心态，是指个体因受自身或外在因素的影响，不满意自身的条件或能力，而造成信心的缺失。消极心态是在社会生活中逐渐形成又进而对人的社会生活产生消极影响的消极心理状态。消极心态使人沮丧、失望，对生活和人生充满了抱怨，自我封闭，限制和抹杀了自己的潜能。消极心态是失败的根源，是生命的慢性杀手，使人受制于自我设置的某种阴影。消极心态往往是导致失败的主要原因。

积极心态与消极心态是相对而言的，面对生活的压力与历练，若积极心态战胜了消极心态，即会促进人的进步，激发人性的优点，使之为善；若消极心态战胜了积极心态，即会阻碍人的进步，激发人性的缺点，使之为恶。积极者在每次危难中都看到了机会，而消极者在每个机会中都看到了危难。

积极者与消极者看待问题的角度不同。具有积极心态的人，对生命的远方寄予希望，对任何人都会充满信心，他们愿意接受新生的事物，愿意冒风险，因此会获得莫大的成就。他们明白自己能做什么，不能做什么，挫折不会动摇他们的信心。一个人一心追求积极的事物会让他更乐意去探索未知，提出问题，寻找新的答案。对于拥有积极心态的人来说，世界充满了可能性。

要改变命运，先要改变心态。总而言之，我们要用宽容的心对待世界、对待生活；用快乐的心创造世界、改变生活；用感恩的心感受世界、感受生活。看得通透想得开，拿得起放得下，立得正行得稳。

四、坚定信心决心，跟职场“天花板”说再见

人人皆能成功，如果你认为成功是少数人的事情，在你的潜意识中，已经把自己划到多数人之中了。如果你认为成功说起来容易做起来难，那么你表面上也会为此努力争取一番，但内心深处就不会为成功全力以赴，或者干脆会放弃。哲学家卡莱尔曾说过：“人世间最可怕的怀疑就是对自己的怀疑。”丧失自信心，是人生前进道路上最致命的陷阱。

（一）自信是相信自己能行

相信你能，你就无所不能。高尔基说：“ 只有满怀自信的人，才能在任何地方都怀有自信，沉浸在生活中，并实现自己的意志。”

“信念是免费的，人人都可以获得。”要成功，必须先要有强烈的成功欲望。成功来源于“我要”。我要，我就能；我一定要，我就一定能。是决心，而不是环境决定我们的成功。

要自信，就要越过脑海中的“限制”，要相信自己能行，要经常暗示自己是优秀的，要在适应环境中，实现自己的理想，体现自己的价值。自信是指一个人对自己恰当、适度的信心。运用潜意识的力量，简单、正面、肯定、重复地自我暗示。我行，我一定行。暗示在本质上，是人的情感和观念，会不同程度地受到别人的影响。人们会不自觉地接受自己喜欢、钦佩、信任和崇拜的人的影响和暗示。如果一个人不断地接受来自自己或者别人“你不行”的暗示，或许有一天，你连自己本可以做到的事情也会搞砸；如果一个人不断地接受来自自己或者别人“你行”的暗示，或许有一天，你会取得自己想都不敢想的成就……这就是皮格马利翁效应，又称罗森塔尔效应，是指人们对他人的期望会影响到被期望者的行为和表现，使得期望成为自我实现的预言。这就是暗示的力量，如果你相信自己，你就容易成功；如果你不相信自己，你就永远不可能成功。暗示是一种神奇的力量。

（二）自信而后可自强

世上许多的事情不是因为难做，我们才失去信心的，而是因为我们失去了信心，所以事情才难以做到。人生充满无限的可能，是否能自信开始决定你最终能否取得成功，一切均取决于你自己。“相信自己‘能’，便攻无不克。”无论环境如何，先相信自己“能”并始终相信自己是一个成功者、赢家，在确信“能”中给自身注入一股巨大的力量，引发一系列积极的效应，终会得偿所愿。成功不在于你知道多少，而在于你做了多少。现在开始坚定“相信能”的决心。自信可以决定理想人生的目标，人有了自信心就有力量决定自己人生的方向，就能主宰自己的命运，就能做自己的主人。

案例分享

一位穷苦的牧羊人领着两个年幼的儿子，以给别人放羊来维持生计。一天，他们赶着羊来到一个山坡，这时，一群大雁鸣叫着从他们的头顶飞过，并很快消失在远处。牧羊人的小儿子问他的父亲：“大雁要往哪里飞？”“它们要去一个温暖的地方，在那里安家，度过寒冷的冬天。”牧羊人说。他的大儿子眨着眼睛羡慕地说：“要是我们也能像大雁那样飞起来就好了。”小儿子也对父亲说：“做一只会飞的大雁多好啊！”牧羊人沉默了一下，然后对两个儿子说：“只要你们想，你们也能飞起来。”儿子们牢牢记住了父亲的话，长大以后他们果然飞起来了——他们就是飞机的发明者，美国的莱特兄弟。

莱特兄弟实现了人类自由飞翔的梦想，因为他们相信自己。只要你足够相信自己，依靠自信的强大能量就可以实现个体的想法，无论是飞翔，还是获得梦寐以求的成功。

秦世俊刚开始进厂当铣工，都是靠“偷师学艺”。这是为什么呢？主要是因为他是一名技校生，跟车间里的大学生相比，底子实在是太薄，老师傅们看不上，没人教。那时，他就偷着学、坚持学。老师傅们看到他这股韧劲，对他刮目相看，主动教他，他才如愿以偿地当上了学徒。

他很珍惜这个机会，经常给自己“加码”刻苦学习。慢慢地，他的技术越来越好。工作中遇到难题，他开始尝试以创新的方法解决问题。创新攻关的时候，他从来都没有想过“我是一名技校生、是一个一线工人，我不行”。他想的是：“要如何攻克难题，要把工作做好，要为国家作出贡献，我一定行！”

他第一次创新，就是秉持着这样的信念。当时，他们要加工一个飞机上主起落架外筒上的一个腹板，但由于没有数模，无法编程，他们只能手动操作，导致返工不断。他特别想解决这个问题。

当时，他的思路和大家完全不一样，他想的是“反着来”。先采点，将采集的点位汇编为程序，再一刀成型。没想到，这样的一个思维转换，让他们的生产效率提高了8倍多，零件一次交检合格率达到了100%!

这让他意识到，在创新的赛道上，每个人都站在同一条起跑线上，要以技术和能力说话。打那以后，他大胆创新，实现技术创新、小改小革1000余项，每一项都让他很有成就感。

（摘自中工网2023年12月8日）

五、提升综合能力，助力事业迈上新台阶

一个人是否成功，不是现有的能力决定的，“我一定要成功的心态”决定了“我一定会去准备相应的能力”；一个人是否成功，也不是现有的方法决定的，“我一定要成功的心态”决定了“我一定能找到成功的方法”。这就需要个人具有综合能力，具体指的是观察能力、实践能力、思维能力、整合能力和交流能力。人们可以在思维综合的过程中，把客观对象的各个部分结合成一个有机整体进行考察，把客观存在的各个要素、层次和规定性，用一定线索把它们联系起来，从中发现它们之间的本质关系和发展的规律。凭借个

人的综合能力，对决策对象的认识可以由小到大，由低到高，由零散到完整，由局部到整体，从而把握全局，立足长远，使决策不偏离方向。一个人唯有不断更新自己的知识库，才能洞察事物的根本，做出最佳的选择。特别是认知的能力。改变认知能力其实就是在改变人生。认知，是个人能力的放大器，也是奔向成功的加速器。

对于职工来说，能力结构的特点是以应用为目的，突出理论知识和智力技能，辅之以经验、技术和操作技能。要以适应职业岗位为目标加强智力技能的训练，注重技术能力的培养，使自己具有获取知识和运用知识的实际能力和与之相应的方法技巧，并在此基础上培养个人的创新精神，提高个人的创新能力。

具体表现在：1. 学习能力。学习能力的强弱是胜任各个岗位所必须具备的能力。学习需要有理解能力，专业技能的学习与更新、技术改善的推进、相互间的技能交流，都需要把理解力作为支撑。2. 认知能力。通常指选择并快速获取知识与信息的能力、观察判断事物和临场应变的能力、运用知识进行技术分析和解决实际问题的能力、进行技术革新和设计发明的创新的能力等。3. 思维能力。通过对逻辑思维、创新思维、批判性思维等多种思维方式的培养，提高个人的分析、解决问题的能力。积极思考、不断反思也能够激发个人的潜能，让职工在各种挑战面前游刃有余。4. 表达能力。通常指语言表达、文字表达、数理统计和运用展示图表的能力。专业技能可以自己用，但在组织中不一定要独自拥有，传授给更多的人才更有价值，这需要表达能力。5. 操作能力。通常指履行岗位职责的动手能力，要求掌握应知应会的职业技术规范及任职上岗需要的职业技能。6. 协同能力。建立个人的社交圈，扩大个人的人脉资源，让个人在事业和生活中有更多的机会和选择。同时，与优秀的人为伍也能够让个人受到积极的影响，不断向他们学习、看齐。7. 勇往直前。只有勇于面对未知，勇敢冲破自己的枷锁，才能超越自我。

8. 体魄健康。只有拥有健康的身体，才能够更好地工作、生活和学习。通过合理饮食、适量运动、规律作息等措施，提高自己的身体素质，让自己更加健康、更加有活力。

容易成功的人普遍具有以下 10 种能力：1. 解决问题时的逆向思维能力；2. 考虑问题的换位思考能力；3. 强于他人的总结能力；4. 简洁的文书编写能力；5. 信息资料收集能力；6. 解决问题的方案制定能力；7. 超强的自我安慰能力；8. 岗位变化的承受能力；9. 勇于接受分外之事；10. 积极寻求培训和实践机会的能力。任何一种能力，都可以导致一种结果，但这个结果不一定是最佳的结果。成大事者总是选择最佳的能力，达到最完善的结果。在成功的路上，你要想成就大事，首先要解决的问题是你的能力对推动你成功的计划是否有效。

一个人的能力是涵盖方方面面的。就好比一座机器是由许多零部件合理搭配而成的，把不同的专业延伸、结合，你就能突破性地创造不同的见解，学会与不同类型的人才合作，就会拥有更加健康的人际关系，助力事业取得成功，这些都需要考量个人的综合能力。

六、把握难得的机遇，抢占岗位出彩最佳时机

机遇，指的是事物的发展过程中并非必定出现，但一经出现就可能改变事物现存状态的事件和条件。机遇，就是契机、时机或机会，通常被理解为有利的条件和环境。按照字面意思可以理解为忽然遇到的好运气和机会。小机会常常是大事业的开始。愚者无视机遇，弱者丧失机遇，强者抢抓机遇，智者创造条件促成机遇。

自然界的一切生物都承受着阳光的照耀、雨露的滋润，机遇是同等的。每个人身上都有自己的闪光点，都有自己的优势。自信之人才能如彩虹般挥洒自如，绽放出最耀眼的光芒。只要我们拥有坚定的信念和付诸努力的勇气，

我们就能斩破黑暗，迎接胜利的曙光。

机遇如清水，无处不可流；机遇如月光，有隙皆可存。机遇从不会白白失掉，你失掉了，自有别人会得到。机不可失，时不再来。一般来说，机遇不会自动地找你，你必须努力去寻找。当然，你也可以展示自己所具有的独特优势，让别人来发现你，给你机遇。有时候，机遇发生是一瞬间的事，如不及时抓住，就很容易错过。机遇很多时候是对那些准备充分又善于抓住机遇的人而言的。也许，你正为失去一个机遇而懊悔、埋怨的时候，机遇就被你对面那个人抓住了。没有机遇，就要等待和创造机遇，有了机遇，就要巧妙地抓住。

“所当乘者势也，不可失者时也。”居里夫人说：“弱者等待时机，强者制造时机。”机会有时候会来敲门，不是敲你的心扉。你只是争取和利用机会，而不是傻傻地等待。

生活中机遇无处不在，成功的人都会把命运掌握在自己手里，不放过从自己身边走过的每一次机遇。你越努力，你就越有机会，你的运气就越好。

发现机遇，抓住机遇，仅仅是事业成功的一半，而另一半则是抓好机遇，利用好机遇 。这是一个整体，只是发现了，而没有抓住；只是抓住了，而没有抓好；只是得到了，而没有用好，都达不到抓住机遇的效果。抓住机遇后，还要分析和认识机遇所提供的有利条件，把有利条件的性质、程度、方式以及存在的不利因素和风险搞清楚，做到心中有数，以便趋利避害，恰当运用。

本节小结

自我超越是一个永恒的主题，它涉及个人的成长与发展、自我认知和价值观的提升。一个能够自我超越的人，一生都在追求卓越，自我超越的价值在于学习和创造。这就要求我们，沉下心来，脚踏实地地修炼自我。

心境影响能力，决定命运。心境和行为，犹如灯塔与航船。没有健康心境的指引，行为之船就会迷失方向，人生就无法抵达胜利的彼岸。有了信心，才会在犹豫之时坚定地选择继续，在失败之后甩掉泪水昂头前行，总结经验教训，持续前行，最终登上成功的彼岸。有信心的人，可以化渺小为伟大，化平庸为神奇。信心是努力的阶梯。信心，乃人生之本、成功之源。

第二节　争创一流是职工实现纵向“破圈”的现实路径

自我超越是通过每一个具体的、普遍性的要求来实现的，要求我们立足本职，锐意进取，开拓创新，树立一流的目标，追求一流的水平，创造一流的效率，干出一流的业绩。这是各行各业的职工立足本职，实现纵向“破圈”、达到更高层次的路径。学一流、赶一流、创一流，努力在百舸争流中勇立潮头。

一、争创一流职业生涯目标的意义和作用

目标的根本意义是确定自己的奋斗方向。目标的意义是具体化为行动的动力和自我评价的标准。成功的人非常了解明确奋斗目标的重要性。目标是行动的导航灯，目标就是量化后的梦想。一位百发百中的神箭手，如果他漫无目的地乱射，也不能射中目标 。如果没有追求的目标，你就不会努力，就会在原地转圈圈，因为你不知道为什么要努力，如同大海中的轮船，如果不知道靠岸的码头在哪里，加油前行是没有用的，生活就会变得无聊、孤独、浑浑噩噩、无所事事，甚至彷徨、不知所措。

（一）事预则立，不预则废

《礼记·中庸》说：“凡事预则立，不预则废。”办事前要调查论证，周密思考，办事才能成功，否则就会失败。孟子说：“生于忧患，死于安乐。”西

汉董仲舒也说："福之本生于忧，而祸起于喜也。"以上诸家都认为，诸事能考虑周到，则办事无不顺利，而幸运生焉；若醉生梦死，贪图享乐，糊里糊涂，办任何事都会失败，而祸患随之。"诸葛一生唯谨慎"，故能运筹于帷幄之中，决胜于千里之外，世人称之"神机妙算"。有了明确的目标作为行动方向，及时开始准备各项工作，一项一项地进行落实。经过一段时间的努力，水到渠成。目标的确定和实现的状况大体为确定目标，向目标努力，通往目标的路途上有重重困难，有的人战胜困难继续前进，有的人信心和精力渐渐地被消磨，以至于放弃目标。

要及早地确定人生目标。人要给自己一个目标，朝这个方向去努力，你才会在将来获得成功，或者有更好的机会让你抓住它。目标不同，其结果不一样。确定的目标同积极的心理态度相结合是走向一切成功的起点。达到目标的难易程度与你付出的努力之间有着直接的联系。一般来讲，你的目标定得越高，你为达到目标的努力就越集中。总的目标确定后，要分解成若干个小目标；目标一旦确定，没有极特殊的情况，不要轻易改变。当然，目标要定得符合实际，要做到跳一跳能摘得到。定目标时，要注意把兴趣和事业尽量统一起来。

（二）胸有目标，行有方向

目标的感染力为人明确方向，使你充分了解自己每一个行为的目的。人的一生，想走向成功，必须有自己的目标，如果没有目标，便犹如大海上没有舵的航船或看不到灯塔的帆船，就会在暴风雨里茫然不知所措，迷失方向。塞涅卡有句名言："如果一个人活着不知道他要驶向哪个码头，那么任何风都不会是顺风。有人活着没有任何目标，他们在世间行走，就像河中的一棵小草，他们不是行走，而是随波逐流。"事业上最大的失误是选择目标的失误。哈佛大学曾进行过这样一项跟踪调查，对象是一群智力、学历和环境等方面条件差不多的年轻人。调查结果发现：27% 的人没有目标；60% 的人目标模糊；10% 的人有着清晰但比较短期的目标；其余 3% 的人有着清晰且长远的目标，以后的岁月，他们行进在各自的人生旅途中。25 年后，哈佛再次对这群学生进行了跟踪调查。结果是这样的：3% 的人，在 25 年间朝着一个方向不懈努力，几乎都成为社会各界的成功人士，其中不乏行业领袖和社会精英；10% 的人，他们的短期目标不断地实现，成为各个领域中的专业人士，大都生活在社会的中上层；60% 的人，他们安稳地生活与工作，但都没有什么特别成绩，几乎都生活在社会的中下层；剩下 27% 的人，他们的生活没有目标，过得很不如意，并且常常在抱怨他人，抱怨社会，抱怨自己。其实，他们之间的差别仅仅在于：25 年前，他们中的一些人就已经知道自己最想要做的是什么，而另一些人则不清楚或不是很清楚自己最想要做的是什么。这个调查生动地说明了，明确生活目标对于人生成功的重要意义。因此可以说，目标就是你未来的现实。没有明确的目标是人生的一大悲哀和痛苦，一个人没有目标，在做事时往往就会犹豫不决。

（三）提升勇气，鼓舞斗志

个人有了目标后，要肯定自己的成绩，提高自己的勇气，克服前进中的困难，一直往前走，达到目标后再回头看，就会产生“会当凌绝顶，一览众山小”的成就感。没有目标的努力是没有价值的，没有目标的指引，一个人的潜能也是无法释放的。要想激发个人的潜能，应当从确定目标开始。一旦确定了奋斗目标，就会产生实现目标的责任感，自然而然生成一种压力，当事人就会被催促着、引导着，为实现目标而努力。这种潜在的力量有时候会使人不顾一切地去努力。有了理想的目标才能有理想的成就。

漫无目标的努力，是做不成大事情的。正如荷马史诗《奥德赛》中有一句至理名言：“没有比漫无目的地徘徊更令人无法忍受的了。”

一个人的目标定得高、定得远，他就必须付出更多的辛劳和汗水，虽然可能即使经过全力打拼也仍不得实现，但至少比他人走得远、实现得多。有了目标，才会强迫自己尽最大的努力去完成似乎根本无法完成的事。

（四）有的放矢，集中有效

目标专注，聚集焦点。有了明确的目标，会使行动的着眼点集中到一处，就像钉子一样，每一锤都打向一个目标，会使行动更加有效。一个人如果没有明确的目标，思维就容易混乱，没有轻重之分，难以排除干扰，不能集中有限的资源全力以赴，虽然也非常努力，但由于行为的方向是分散的，东一榔头，西一棒子，脚踩西瓜皮，滑到哪里算哪里，其结果只能是一事无成，甚至一塌糊涂。无论做什么工作，都要有明确的目标。同时，长时间把精力集中在一个目标上，脑子就会活跃起来，越转越灵活，效率也会越来越高。

有了目标后，持之以恒地为了这个目标努力。许多人的失败不在于驽钝，而常常在于没有坚持。

二、制订争创一流的职业生涯目标

职业生涯目标应计量其成果、规定其时间、确定其责任，必须切实可行。

（一）制订职业生涯目标应首先符合发展的需要

目标的确立是有科学性的，方法不对，目标就毫无价值。具体方法如下：1. 要让自己在见识、知识、专业、技能等方面不断发展目标。2. 制订的目标要符合未来就业、创业以及市场竞争需要，要考虑到内外环境的需要，有需求才有位置。3. 目标的确立要符合社会与组织的需求，职业生涯目标，如同一种产品，这种产品有市场，才有生产的必要。4. 企业的目标是职工个人目标的基本依据，职工个人的努力方向要和企业的发展方向一致。既有利于企业目标的达成，又有利于个人目标的实现。5. 把个人的前途与祖国、民族的命运连在一起，用高尚的思想情操统率个人的事业心，用远大的志向引领个人的上进心，用伟大的事业激发个人的责任心，把事业心、上进心、责任心融为一体，立志为党和人民的事业奋斗终生。

（二）制订职业生涯目标应考虑难度层次因素

职业生涯目标有短期长期之分，也有高低难易之分。设定职业生涯目标，最忌好高骛远、试图一步登天。人才是多层次的，人的能力发展也是有差异的，人的职业生涯成长是由低向高步步递进的。选择职业生涯成长的目标时，应当区分阶段、合乎层次，从易到难、循序渐进。较高层次、实现起来比较困难的目标，应在具有一定基础的条件下，再予以考虑进行选择。在确定职业生涯目标时，只有综合考虑上述多种因素，才能选中最符合实际的，即对社会有用的、成功可能性较大的正确目标。这样，不仅使自己的目标和社会需要紧密结合，而且使自己的长处得到发挥，不断取得成果，取得成功。

确定职业生涯目标的原则：第一，在确定整个职业生涯目标或某一阶段职业生涯目标的时候，要使目标定得高一些，以便调动自己的积极性，充分发挥自己的创造性和潜能。第二，确定每一个问题的具体目标时，要恰当，既不能过高，又不能过低，要力求能实现。这样确定的目标才是恰当的。确定具体问题的目标，必须要求目标具体而明确。

人的性格、兴趣、特长等都有所不同，要将职业生涯目标建立在你的最优性格、最大兴趣、最佳特长上。要正确认识自己，提出恰当的目标。目标既不能超出自己的能力范围，又要符合自己当前的实际情况，切实可行。

案例分享

贝尔纳是法国著名的作家，一生创作了大量的小说和剧本，可以说是法国文学史上里程碑式的人物。有一次，法国一家报纸进行了一次有奖智力竞赛，其中有这样一个题目：如果法国最大的博物馆卢浮宫失火了，情况紧急，只允许抢救出一幅画，请问你会抢救哪一幅？结果在该报纸收到的成千上万个回答中，贝尔纳以最佳答案获得该题的奖金，他的回答是：“我抢救离出口最近的那幅画！”故事告诉我们，有效目标是最有可能实现的那个，而不是最有价值的那个。有效的目标应该是切合自己实际情况的、具体的、可以量化的、经过一定努力能够实现的、有一定价值的、能在一定的时间内完成的目标。

个人目标的制订最好不是单一的，应该是多层次的。既有短期目标，又有长期目标；既有局部目标，又有整体目标。

制定目标要层层分解。制订好总体目标后，就要把它逐层分解为几大步、几小步，在什么时间内完成什么目标任务。实现目标的过程是由现在到将来，从低级到高级，由小目标到大目标，一步一步推进的，在实现目标的过程中就会有章可循，各个击破，逐个实现，就会不断地自我激励，直至成功。

目标的确立要长短配合恰当，既要有长期目标，又要有短期目标。制订长期目标，形成远大的理想，能够起到鼓舞斗志、振奋精神的作用；但只有长期目标，在短时间内达不成，容易挫伤情绪，也不便于执行。短期目标可以在一定时间内达成，能够起到不断鼓舞信心的作用。长期目标为人生指明了方向，可鼓舞斗志，防止短期行为。短期目标是实现长期目标的保证。只有短期目标，看不到远大的理想，也会失去奋进的动力，还会使人生发展左右摇摆，甚至偏离发展方向。

实现整体目标，要有一个一个的局部目标做保证。个人职业生涯目标，是一个不断积累、循序渐进的过程。为了实现整体目标，必须制订出一个一个量化了的局部目标，这些是人生成功旅程上的里程碑或驿站。没有整体目标，会使人失去动力；没有局部目标，会使人失去信心。整体目标越高远，人的进步越大。局部目标应尽可能具体明确，并限定时间，既要有激励价值，又要现实可行。

案例分享

1960 年，美国有位 84 岁的老太太昆丝汀·基顿，竟然徒步走遍整个美国。人们为她的成就感到自豪，也不可思议。有位记者问她：你是怎么完成徒步走遍美国这个宏大目标的呢？ 老太太的回答是：我的目标只是前面那个小镇。我们在选择确定一个大目标之后，要知道每天的“小镇”在哪里。目标是自己选定的，大目标的实现是由许多小目标的实现来做保证的。

（三）制订职业生涯目标成功的时间因素

在设定职业生涯目标时，要把近期目标与长远目标相结合。首先，要基于自身的能力、发展潜力和社会经济发展的趋势，树雄心、立大志，从长期发展目标看出未来的个人职业前景，勾画出个人的职业生涯高峰。职业生涯的长期目标具有“未来预期”“宏观综合”“人生理想”“发展方向”“引导短期”等性质。长期目标一般为 10 年、20 年、30 年，是短期目标和近期目标所追求的最终“目标”。职业生涯的短期目标是一种现实性的目标，是具有实际价值的目标，是以长期的职业生涯目标为发展方向的具有可行动性、可操作性的目标。短期目标的达成，是人们的职业活动实践成果。这种活动实践成果，不仅意味着人要付出一定的努力、付出各种成本，而且要持续进行职业道路的“试错法”式的检验以及随之的矫正。在选择短期职业目标的时候，要注意把短期目标作为实现长期目标的初始步骤，通过一个一个地攻克短期目标，逐步逼近和最终达成长期目标。要讲求短期目标的有效性，注意短期目标设定要易于达成，短期目标也应符合社会需要。个人经过努力取得的成果，若能满足社会需要，社会也能承认个人的成果，即认可其职业生涯的局部成功。

其次，职业生涯目标设定还应留有机动时间，万一发生某些意外，也有时间和精力机动处理。当然所有事情都需要你保持一个平和的心态。不要急于求成、好高骛远。要一步一步地努力，一点一点地积累。在实现目标的时间安排上，不要操之过急，否则欲速则不达；安排不要过满，即在同一个时间段里既做这个又做那个，否则容易导致不知所措，顾此失彼；安排不要太紧密，如规定某一时间只能做某事，若遇某些干扰，无法完成，又没有补做时间，必然会落空。

（四）制订的职业生涯目标要具体且便于操作

一部分人的职业生涯目标是模糊的，泛泛的，不具体的，难以把握的。所谓明确，就是明确规定“达到什么程度”，即尽量有定量的规定，如“做多少”“做成什么样”。目标就要像射击靶子一样，应清清楚楚地摆在那里；反之，目标含混不清，就起不到目标的作用。目标越具体，则越容易见到效果。具体目标应该受最终目标的指引。整体职业生涯目标的内容虽然不能太具体，但也不能太笼统。空洞的目标起不到目标导向的作用。

案例分享

美国一个学者研究目标重要性时做过这样的试验：将参加试验的150人分成三组，每组50人，到达同一目的地。第一组，告诉他们要往前走，不告诉他们到底要去哪里、有多远和怎么走；第二组，告诉他们目的地在哪里，然后，就让他们走；第三组，告诉他们目的地在哪里，有多少路程，而且，在路上有路标，有里程碑。三组人员同时出发，第一组队员在路上走走停停，因为不知道到底要去哪里，要走多长时间，应该怎么走，所以，队员走在路上没有目标、没有动力，很是盲目，走得稀稀拉拉，当然是最后一组到达目的地的。第二组队员，虽然有目标，但是走在路上没有路标，也没有里程碑，所以，虽然也很努力，但也是走走停停，在中途也不知道自己到底走了多少路程，还有多少路程要走，只能是第二组到达目的地的。第三组队员，因为有目标，又有路标，也有里程碑，所以他们的前进就很有计划性、有动力，知道走了多少路程，还有多少路程要走，每走一段路程，每个人清清楚楚地知道还有多少路程要走，大约要走多长时间，如果加快速度，能在多少时间里到达。他们是第一组到达目的地的。这个实验给人们启示：在每个人前进的道路上，要有明确具体的目标，目标越具体，越能促进行动，像第三组队员那样尽快地到达目的地，获得成功。

（五）对制订的职业生涯目标进行评估以促进实施

个人及时评估职业生涯目标可以鼓励自己，看到进步，也可以发现不足，及时调整职业生涯目标和措施。反之，职业生涯目标无法评估，就不能称其为职业生涯目标。在制订职业生涯目标的过程中，自己跟自己比，看自己进步的幅度、未来发展的可能，再制订未来的发展计划。对选择的结果要认真评估，对职业生涯目标充满信心，通过行动来完成。同时，不要太贪心，目标要具体明确，难易适度，兼顾平衡，个人职业生涯目标要与企业发展的目标一致。

三、落实争创一流的职业生涯目标

不是所有人制订的职业生涯目标都能实现。职业生涯目标是自己的，靠自己去实现，要围绕职业生涯目标一直前进，不达目的不罢休。“百尺竿头，更进一步。”如果个人根本无法坚持，或不适合自己，制订的职业生涯目标就没有用了。

（一）白纸黑字，一目了然

美国著名演说家、作家、销售员培训专家布赖恩·特雷西指出：“没有用白纸黑字写下来的目标，根本就不是目标，而只是空想。”写下你的职业生涯目标，也写下实现职业生涯目标所需的条件和理由。当你书写时，你的思维活动会自然地使职业生涯目标在你的记忆中产生一种不可磨灭的印象；当你把书写的职业生涯目标具体地呈现在自己面前时，你的潜意识就会突然地觉醒，你就不能逃避对自己职业生涯目标的承诺，促使自己尽全力达成职业生涯目标。任何一个人都会为要达成的职业生涯目标而做出最大的努力。成功者在设定职业生涯目标的同时，也会找出设定这些职业生涯目标的理由来说服自己。当个体十分清楚地知道实现职业生涯目标的好处以及不能实现职业生涯目标的坏处时，便会设下时限来规范自己。最好写上你打算干什么，你将到哪里去，你将与什么人联络。这就要用好“效率手册”：好记性不如烂笔头。

案例分享

美国耶鲁大学进行过一次跨度20年的跟踪调查。研究人员对参加调查的学生们提了一个问题：“你们有目标吗？”90%的学生回答说有。研究人员又问：“如果你们有了目标，那么，是否把它写下来了呢？”这时，只有4%的学生回答说：“写下来了。”20年后，耶鲁大学的研究人员跟踪当年参加调查的学生们。结果发现，那些有目标并且用白纸黑字写下来的学生，无论是事业发展还是生活水平，都远远超过了那些没有这样做的学生。他们创造的价值超过余下的96%的学生总和。那么，那96%的学生今天在干什么呢？研究人员调查发现：这些人忙忙碌碌，一辈子都在直接或间接地帮助那4%的人实现他们的理想。4%写下了目标的人实现了目标，96%的有目标但没有写下来的人却没有实现目标。为什么？这是因为明确的目标才能保证你的成功，而明确的目标不是轻松地用脑袋想想就能全部明白的，需要将目标可视化，这样会让你留下深刻的印象，所以无论你要做什么事情，要达成什么样的目标全都把它写下来为好。

（二）量化职业生涯目标，设下时限

任何职业生涯目标都必须具有时限性，也就是职业生涯目标须指明达成的时间，若不指明职业生涯目标达成的期限，则很容易产生拖延的态度，导致职业生涯目标的实现遥遥无期。

认真分析自己的职业生涯目标、完成期限、达成标准，以及所给的条件。对个人完成任务所处的环境、时间、地点和一切资源都进行深入了解，作出全面和客观的分析。既看到有利条件，又看到不利条件；既调动积极因素，又制约消极因素。通过对事物进行由表及里、由此及彼，由浅入深，由近及远综合的分析整合，找到问题的症结，形成一套切实可行、科学高效的工作思路。如果其职业生涯目标能够用数字来描述，一定要用精确的数字描述。任何职业生涯目标都应限定时间完成，具体到月日甚至小时，量化它。没有时间限制，也可能使完成职业生涯目标的时间一拖再拖，甚至不了了之。对于实在无法用数据描述的，也可以说“像某某一样”，从榜样身上找到量化指标。

用“多杈树法”制订计划，分解职业生涯目标，从后往前倒推至现在。拟订计划，设定时间表。将已经量化的职业生涯目标分解，分解到每一天都知道去干什么。在这个过程中一定要明确整体目标与局部目标之间的关系，即整体目标是局部目标的结果，局部目标是整体目标的条件。

一般人如果没有设下时限来集中注意力的话，很难计量出个人在不同时间段到底能做到何种程度。因此，当明确知道职业生涯目标之后，便要设下明确的完成期限和时间表，从实现职业生涯目标的最终期限倒推至现在。假如你制订了一个 1 年的职业生涯目标，你就应该再分别制订 12 个单月的职业生涯目标、4 个季度的职业生涯目标、2 个半年的职业生涯目标。

（三）马上行动，立即开始

人人都想成就一番事业，但成功者很少。究其原因，除了能力、机遇、

资金等因素，更重要的是大多数人一直处于思考、梦想、迟疑状态，从而习惯性地推迟行动。在犹豫中，错过了良机。只有少数人，不仅有思考的能力，而且还是积极行动的巨人。行动孕育着成功，行动起来，也许不会成功，但不行动，永远不会成功。

心动不如行动。马上行动是所有成功人士共同的特质。办事言出即行。认准了的事情，不要优柔寡断；选准了一个方向，就只管前进，不要回头。克雷洛夫说：“现实是此岸，理想是彼岸，中间隔着湍急的河流，行动则是架在河上的桥梁。”路虽远，行则将至；事虽难，做则必成。只要有愚公移山的志气、滴水穿石的毅力，脚踏实地，埋头苦干，积跬步以至千里，就一定能够把目标变为现实。

知道 + 做到 = 得到，只有行动才能得到。“知识是不够的，我们必须把它应用起来；愿望是不够的，我们必须立刻行动起来。”这是歌德的名言。没有行动，就没有一切，也就不能达到目标。“明日复明日，明日何其多。”唯一可以把握的就是现在。做任何事情都没有万事俱备的时候，最理想的任务完成期就是现在。

（四）修正问题，克服障碍

在努力的过程中，需要及时地修正随时出现的问题，每天睡觉前做复盘，衡量进度，必要时做适当修正。学会改变，不要一味固执己见。只有这样才能用正确的行为保证目标达成。几乎所有成功都是由障碍阻拦所成就的，你所遇见的每一个障碍都是来帮助你达成目标的。先确认有哪些障碍，找出哪一件事影响最大，然后全神贯注，各个击破，予以排除。

案例分享

一天，有人找到一位会移山大法的大师，恳求他当众表演一下。大师在一座山的对面坐了一会儿，就起身跑到山的另一面，然后就宣布表演完毕，众人大惑不解。大师道：“世上本无什么移山之术，唯一能移动山的方法就是——山不过来，我就过去。”“移山大法”启示人们：如果事情无法改变，我们就改变自己。如果他人不喜欢自己，是因为自己还不够让人喜欢。如果无法说服他人，是因为自己还不具备足够的说服能力。如果我们还无法成功，是因为我们暂时没有找到成功的方法。要想事情改变，首先得改变自己。只有改变自己，才会最终改变他人；只有改变自己，才可以最终改变属于自己的世界。山，如果不过来，那就让我们过去吧！ 困难是个“纸老虎”，你还怕什么呢？敢于去做“不可能”的事情。

（五）坚定不移，决不放弃

1948 年，牛津大学举办了一次“成功奥秘”讲座，邀请的是当时英国首相丘吉尔来讲演。讲演的那一天，会场上人山人海。全世界各大新闻媒体都到齐了。观众全神贯注，耐心等着这位政治家、外交家、曾获诺贝尔文学奖的文学家的“成功秘诀”。只见丘吉尔走上讲台，两手抓住讲台、两眼注视着观众说：“我的成功秘诀有三个：一是决不放弃；二是决不、决不放弃；三是决不、决不、决不放弃！我的演讲结束了！”

知道做什么并坚定去做，这就是自控力，控制自己达成目标是一件非常艰辛的工作，大多数人无法做到。人生之路有千百条，但每一条路都只能走向一个既定的目标，一个人，不可能同时向南又向北、向东又向西。路只能一步一步地走，目标只能一个一个地实现。如果什么都想要，你最终什么都得不到。要朝着既定的目标全力而行。很多人想成功，却不清楚成功者所具备的条件是哪些。列出成功者所需具备的几项条件，让自己知道该往哪个方向迈进，成为怎样的人，根据目标来改造自己，而不是用现状去制定目标，告诉自己想要成为什么样的人，同时训练自己变成要成为的人。

（六）把“下一个”当作努力目标

一般来讲，取得一些成绩，获得一次成功，或许并不是一件困难的事。但是只有不断地超越自己已取得的成绩，向“下一个”目标迈进，向更新的领域拓展，才是最难能可贵的。如果浅尝辄止、不思进取，只是“这一个”，没有“下一个”，只能昙花一现，不可能有什么大的作为。

案例分享

巴西著名足球运动员贝利初涉足坛时，在一次比赛中，他从己方禁区带球穿过全场，晃过对方包括守门员在内的全部防守队员，从容破门，不仅令千万观众心醉，而且使球场上的对手拍手称绝。赛后，贝利被记者们团团围住。其中一位记者问：“贝利先生，在您的进球中，您认为哪一个踢得最好？”贝利不假思索地说：“下一个。”当贝利在足坛上大红大紫，成为世界著名球王，在大赛中已踢进 100 个球时，记者又问他同样的问题：“您哪个球踢得最好？”贝利笑了，意味深长地说：“下一个。”记者们先是一愣，随即爆发出热烈的掌声。贝利一生在大赛中踢进 1200 多个球，两次荣获“世界球王”的美称，使得无数球迷为之倾倒。然而，当记者问他哪个球踢得最精彩时，他却毫不犹豫地回答：“下一个！”

细细体会贝利的回答，可以发现，“下一个”道出了他成功的秘诀，揭示了一个平凡而又深刻的真理：在迈向成功的道路上，每当实现一个近期目标，绝不应该骄傲自满，而应该相信最好的永远都在“下一个”，应把原来的成功“归零”，作为新的起点，才能不断攀登新的高峰，才能获得成功者无穷无尽的乐趣。

四、呈现争创一流的目标成果，彰显业绩

立足岗位，勤奋工作，兢兢业业创一流工作业绩，是每个职工想要做到岗位出彩的必然要求。要以昂扬向上、奋发有为、高度负责、脚踏实地、埋头苦干的精神状态，努力做出一流工作，产出一流产品，创造一流成果，提供一流服务。业绩展示是职工岗位出彩最直接的体现，具体体现在以下几个方面。

（一）业绩体现在工作效率上

所谓效率，是在单位时间里实际完成的工作量，对个人而言，这意味着节约时间。工作效率，一般指工作投入与产出之比，通俗地讲就是在进行某项任务时，取得的成绩与所用时间、人力、财力等的比值。产出大于投入，就是正效率；产出小于投入，就是负效率。工作效率是评定工作能力的重要指标。工作效率提高就是指正效率值不断增大。一个人的工作能力如何，很大程度上看工作效率的高低。很多一线劳动模范就是在本职工作岗上创一流效率的人群。

案例分享

许振超在平凡的岗位上做出不平凡的业绩，创出了世界一流的工作水平。为了尽快把荒滩上的新码头建成现代化的集装箱装卸基地，他勇挑重担，成为第一批桥吊司机，并潜心研究，刻苦钻研桥吊技术，很快成为“最佳桥吊司机”，为创世界一流装卸效率奠定了基础。工作中他积极探索，锐意创新，不断学习，以实际行动改变自我，实现个人价值，为国建功立业。他之所以能够成为世界航运界敬佩的一流桥吊专家，关键在于他那种在困难面前不弯腰，勇争一流的实干精神。正像他说的那样：“不会就学，绝不能趴下。”他学知识、学技术，刻苦钻研，不甘落后，与大家一起从零开始，一步步把青岛港变为世界一流的集装箱装卸基地，并创造出“振超效率”。

（二）业绩体现在技术创新上

职工的创新业绩体现在使技术变为商品并在市场上得以销售，实现其价值，从而获得经济效益。具体表现为三个方面：一是要素创新，包括原材料创新、生产设备创新、人力资源管理创新；二是要素组合方法的创新，包括生产工艺创新、生产过程创新；三是产品创新，主要是通过产品结构创新，降低成本，完善性能，提升产品的市场竞争力。

案例分享

第三届“北京大工匠”刘芳是北京航天万源科技有限公司的无线电装接工，2007 年大学毕业后加入公司，16 年来坚守在航天电子产品无线电装接一线岗位，练就了“巴掌大空间巧布千根导线”“盲装百根金针，一根也不歪”“点一下就准的袖珍焊点”等多项绝活，并带领团队完成载人航天、探月探火等多项国家重点型号产品的生产任务。16 年的坚守，也让她从一名普通工人成长为特级技师，享受国务院政府特殊津贴、北京市政府技师特殊津贴，先后获得“中央企业技术能手”“中国航天科技集团有限公司劳动模范”等多项荣誉称号。

多年来，刘芳先后带徒 30 余人，其中 6 人获聘高级技师和技师，4 人成为班组长。她多次带领技能团队参加各级各类技能竞赛，先后获得北京市职工职业技能竞赛第三名、IPC 国际手工焊接华北赛区“最佳工艺奖”。

“在新生技术层出不穷的航天领域，我们只有始终拥有创新力，才能不断进步。”刘芳说，“我们成立了‘智造先锋突击队’，创新总结出多种适用于航天电子产品的装配工艺方案。”刘芳带领这支队伍，圆满完成了多项急、难、复杂产品的生产装配任务，针对国家某型号任务中对于产品单板调试和交付的需求，开展印制板组件自动化测试工艺技术研究，为批量生产单板交付提供了解决方案，大幅提升产品测试效率和产品质量保证能力，荣获首都职工创新成果奖。

在遇到“卡脖子”难题时，刘芳积极应对，以高精装焊技艺助力攻克技术难题。在某重点型号关键单机产品的国产化研制过程中，她根据装接产品的工作原理、结构特点、工艺特点及装联难点，比对国产与进口器件的特性、摸索焊接参数、迭代装配方案，通过技能攻关助力技术提升，突破产品国产化研制关键技术，为设计方案改进、工艺方法优化、产品质量保证奠定了基础，为重点产品的研制取得成功提供了重要保障。

（摘自中工网 2024 年 1 月 11 日）

（三）业绩体现在服务水平上

服务是指履行职务，为他人做事，并使他人从中受益的一种有偿或无偿的活动。无论你在哪个岗位上，都应牢记全心全意为人民服务的宗旨，努力做好本职工作，进而争创一流。这里所说的“业绩体现在服务水平上”，特指在餐饮食宿业、商业、物流业、文化娱乐、旅游、家政、环卫、保安等服务性行业工作的劳动者，特别是新出现的新就业形态劳动者，在本职工作中所创造的一流业绩。

案例分享

发表在《人民日报》上的中共中央宣传部、全国总工会向全社会公开发布 2022 年“最美职工”先进事迹写道：近年来，以货车司机、网约车司机、快递员、外卖配送员等为代表的新就业形态劳动者不断增多，他们在各自的岗位上发光发热，积极为社会作贡献。

龙兵是来自湖南省常德市桃源县的一名个体货车司机。2020 年初，龙兵主动联系相关部门，申请驰援武汉。32 天里，他驾驶货车往返武汉 11 次，送去了蔬菜、大米、牛奶等 300 多吨物资。世上没有从天而降的英雄，只有挺身而出的凡人。2002 年 12 月，龙兵参军入伍，参加抗洪抢险时，龙兵和战友们扛沙袋、堵缺口、转移被困群众，即使肩膀磨破了皮、双手起了血泡，也依旧冲在一线。2021 年 6 月，龙兵光荣地加入了中国共产党。龙兵说："今后不管在哪个岗位上，只要党组织有需要，人民群众有需要，我始终会冲在最前面。"

张硕是黑龙江省鹤岗市美团外卖经理。初入外卖配送行业，他从一名普通外卖配送员做起，踏实工作、用心服务，主动琢磨如何提高业务水平。由于工作勤奋、业绩突出，张硕很快被提拔为业务主管，此后他主动破解公司招工难、与店家沟通不畅等难题，短短半年，从一名普通的业务员成为经理。2021 年 11 月，鹤岗市经历了两场特大降雪，对骑手的配送工作造成了极大的影响。张硕在全市选定的 10 个临街商家，放置电饭煲和热饮，为骑手提供便利。这一举动感动了很多骑手，激发了大家战胜困难的信心和决心。抗击新冠疫情期间，张硕和同事们为封闭小区和居家隔离人员配送了大量物资，为保障人民的生命健康、维护社会稳定贡献了自己的力量。

（摘自中工网 2022 年 5 月 2 日）

（四）业绩体现在竞赛评比中

水平是指在某一专业方面所达到的高度，而衡量这个高度是有范围和层次的，即某项技能在全国或某地方或某行业，通过比赛或考核评定为一流水平，并授予冠军、第一名、金牌等称号。

案例分享

青海省五一劳动奖章获得者祁琴芳是青海省民间工艺师、青海羌韵绣艺手工艺品开发有限公司研发部经理，她的刺绣产品传承千年技艺、绽放非遗风采、书写农耕与牧业的文化交融，相继获得了中国工艺精品银奖、青海民间手工艺美术品展二等奖、青海省首届“民族团结进步”刺绣大赛巾帼创业奖等十多个奖项。她本人获“中国民间文艺家协会会员”的殊荣。祁琴芳“用一门手艺、带动一方产业”，助力农村妇女及剩余劳动力精准脱贫，培训妇女5000多人，吸纳从事皮绣及民间手工艺品绣娘380人。

（摘自中工网2024年1月19日）

本节小结

你的目标是一种挑战，是激励你的原动力。有了目标，内心的力量才会找到方向。没有目标，就谈不上成功。没有远大的目标会使人失去动力，没有具体的目标会使人失去信心。漫无目的地努力或漂荡终归会迷路，而你心中的那座无价的“金矿”，也因得不到开采而与平凡的尘土无异。你的目标必须含有某种能激励你自我拓展、自我要求的要素，而这些要素也会帮助你不断成长、进步。

对于目标的确定和实现的状况大体为：确定目标，向目标努力，通往目标的路途上困难重重，有的人战胜困难继续前进，有的人信心和精力渐渐地被消磨，以至于放弃目标。确定目标后，朝目标努力的过程中要看到自己的成绩，提升自己的勇气，克服前进中的困难，一直往前走，达成目标后再回头看，就会有“会当凌绝顶，一览众山小”的成就感。

一个人的成就程度，大体上是与他的付出程度成正比的。要想达成一定的目标，必须付出相应的包括责任、风险、体力、脑力、时间等在内的代价。要想实现目标必须具备有计划、有步骤地实施行动，踏石有印、抓铁有痕地狠抓落实。实施中遇到困难在所难免，这就要求我们克服困难，坚持做到最好。

人往高处走，水往低处流。争创一流，力争上游，是一种凝心聚力、勠力同心的目标追求，是内化为每个人内在的动力之源。争创一流就是追求最优，只有这样才能大有作为。若想使某件事成为个人的优势，个人就必须始终如一地做好它；个人为了把某件事做得出类拔萃，并不需要具备方方面面的优势；个人的成功之道在于最大限度地发挥优势，而不是克服弱点。

第三节　艰苦奋斗、自强不息是职工岗位“破圈”出彩的前行姿态

艰苦奋斗、自强不息，是指为实现伟大的或既定的目标而勇于艰难困苦、玉汝于成，百折不挠、自强不息，忧劳兴国、逸豫亡身，生于忧患、死于安乐，居安思危、戒奢以俭的精神和行动。自强不息是坚韧不拔、知难而进的拼搏精神，有了艰苦奋斗、自强不息的精神，才能在本职岗位上超越自我、争创一流。

一、艰苦奋斗是职工岗位“破圈”出彩的必经过程

艰苦奋斗精神是我们党的优良传统。在新的历史时期，艰苦奋斗精神不仅没有过时，而且更应该发扬光大。艰苦奋斗精神的内在核心，应当是不怕困难、自强不息。不屈服于艰难困苦，不懈怠于富足安逸，不回避自己的差距，不满足于已有的成绩，始终奋发向上、谦虚谨慎，保持一种不断进取、不断创业的精神状态。

（一）艰苦

艰苦，指条件和环境等物质方面的艰难困苦。开花需要忍受撕裂之苦，萌芽需要饱受钻泥之痛。人生就是一朵花，苦是滋润花的养分，没有经历苦的人生是不完整的人生，没有养分滋润的花终会枯萎。苦难是成功的良伴，逆境是人杰的摇篮；挫折是人才的乳汁，痛哭是凯旋的琴键。苦难创造卓越，

其表现方式是先有日积月累，后有水到渠成。

清人王永彬的《围炉夜话》说：“人面合眉眼鼻口，以成一字曰苦，知终身无安逸之时。”两眉为草，眼横鼻直而下承口，乃“苦”字也。由此可知人生难免苦难忧患，故历来有“忧患人生”之说。孟子说：“天将降大任于斯人也，必先苦其心志，劳其筋骨，饿其体肤，空乏其身，行拂乱其所为，所以动心忍性，曾益其所不能。”说起吃苦，人生必须经历艰苦、刻苦、清苦这三种苦难。“不经一番寒彻骨，怎得梅花扑鼻香。”

每一个人都应学会吃苦、愿吃苦、能吃苦、敢吃苦。没有吃苦的准备、吃苦的能力、吃苦的勇气，很难做好工作，出色地完成任务。一个没有吃苦精神的人，在任何岗位上都将一事无成。只有具备了吃苦精神，才能不畏任何艰难困苦。自古英雄多磨难，从来纨绔少伟男。成功永远属于那些愿意吃苦、勇于拼搏的人。

吃苦的过程，是磨炼战胜困难的能力从而取得成功的过程，也是综合素质提高的过程。最出色的工作，往往是人们处于逆境的情况下做出来的。思想上的压力，甚至肉体上的痛苦，都能够振奋精神。越是条件艰苦、困难较多，越能磨炼人的意志，越能培养吃苦耐劳、坚韧不拔的品格和作风。

人生第一步要学会吃苦，若生逢其时，可自由驰骋其间，可攻可守可冷眼旁观；若生不逢时，攻人已占之城，守无米之地，冷眼旁观他人的痴笑。你想做某一事情，或是感觉很困难，以至于无处下手；或是发现已经有了先行者，要后来居上不是那么容易的事情。在大多情形下，必须卧薪尝胆，悬梁刺股，方可走出一条路，获得成功。如果在苦难面前，只口说而不行动，只旁观而不体验，只想轻松而不想挑重担，这是踏不过艰难险阻的弱者，是难以把事办好从而获得成功的。

要想把事做好，有所成功，有所作为，必须具有吃苦的准备和能力。

1. 要有吃苦的思想准备，理解苦难，不存某种幻想。苦难就是苦难，既然来到自己头上了，就不要逃避。2. 要有素质和能力。人如果没有一定的知识、能力与素质，就难以克服苦难。3. 要不怕吃苦，以苦为乐。苦与乐，在本质上是一体两面，正所谓苦中有乐，如能保持一颗觉醒的心，就不会感受苦痛。4. 要有毅力，坚持不懈。鲁迅说过：“起点之美属于每一个人，而终点之美属于优胜者。”今天很残酷，明天更残酷，后天很美好，但是绝大部分人是倒在明天的晚上，见不到后天的太阳。只有那些英雄模范才能见到后天的太阳。干什么事情都要坚持，坚持就是胜利。5. 走出苦难唯一的办法就是自救。有则寓言说，一头驴子掉进枯井里，农夫没法救出来，决定请来左邻右舍将驴子埋了。邻居们开始将泥土铲进枯井中。当泥土落在驴子背部时，驴子便将泥土抖落在一旁，然后站在泥土堆上面。就这样，驴子将身上的泥土全数抖落在井底，很快，驴子得意地上升到井口。人难免会陷入“枯井里”，我们需要有驴子的自救意识，化被动为主动，化不利为有利，化悲痛为力量，化失败为成功，鼓足勇气，抖落泥沙，渡过逆境，反败为胜，走出困境，走向更高层次。

（二）奋斗

艰苦奋斗的核心是“奋斗”，是指人的精神状态。有些人对艰苦奋斗的理解片面地放在“艰苦”上，止于理解到物质生活方面的勤俭节约，而忽略了艰苦奋斗的内在的精神力量和科学内涵。艰苦奋斗要做到：在思想上，要保持昂扬向上的斗志和拼搏进取的精神，为远大理想奋斗不息；在学习上，要刻苦钻研，勤学苦练，提高本领；在工作中，要吃苦耐劳，埋头苦干；在生活上，要艰苦朴素，勤俭节约。

奋斗所需要的压力包括内在压力和外在压力。内在压力和外在压力是一对共力，外在压力的实现需要以内在压力为根据。人的内在生存压力是生命力所产生的延伸压力，属于原动力，它不依赖外力的存在而存在，但会受到外力的约束。人的外在压力是来自个人以外的压力，其对个人的作用效果必须以个人的内在压力为根据。人的内在压力是人的发展目的和价值追求。人的内在压力是自己获得成功的根本原因。

人的潜能虽然很大，但是不会自动变成现实的能量，需要强有力地激发。一个明确的宏伟目标，就是激发潜能的有效工具，能够把你的潜能变成实际的能量，使得一个平凡的你成就一番不平凡的事业。一个能力很一般的人，如果有个好计划，可能也会大有作为。

（三）发扬艰苦奋斗精神

有的人认为，艰苦奋斗是贫困年代、困难时期提倡的一种精神，现在经济发展了，生活条件好了，没有必要再提艰苦奋斗；有的人甚至把坚持艰苦奋斗、勤俭节约看成"古板迂腐""不开窍"，把讲排场、比阔气、要派头当作时髦、荣耀、潇洒；有的人错误地认为讲排场、摆阔气是小节问题。在弘扬艰苦奋斗的优良传统方面，不能以时代变迁作为追求名利的借口；继续发扬艰苦奋斗精神，不要盯着眼前的利益。无论时代如何发展前进，只要人类改造社会，征服自然的活动不止息，艰苦奋斗精神就永不过时，始终值得提倡。

人无精神则不立。艰苦奋斗应该是职工群众精神风貌的常态，主要体现在：1. 在思想意识上，建立正确的价值取向和立场观点，磨炼不怕困难的意志，坚定克服困难的信心，培育在艰苦环境条件下和危难困境中敢于奋起、敢于有所作为的态度；2. 在精神意志上，任尔东南西北风，咬定青山不放松，矢志不渝、志存高远、百折不挠。始终昂扬向上，保持蓬勃的朝气、奋进的锐气、浩然的正气。磨炼意志力的方法，是做出承诺，履行承诺；3. 在工作行为上，始终勤奋工作、艰苦创业、厉行节约。勤劳是做人的基本要求，只有勤学苦练，才能提高自己的才能；只有勤劳才能获取生存资料；4. 在生活态度上，保持心理健康，心情平静，耐得住清贫、守得住寂寞、抵得住诱惑、把得住大节。自重、自省、自警、自励，自觉摆脱低级趣味，抵制腐化堕落的生活方式。

案例分享

王进喜出生于一个贫苦家庭，甘肃省玉门解放后成为大庆油田石油工人，他说：“宁可少活20年，拼命也要拿下大油田。”“有条件要上，没有条件创造条件也要上。”他用自己的身体制伏井喷的事迹，家喻户晓。“铁人”王进喜一辈子以艰苦奋斗为荣。吃大苦，耐大劳，勤勤恳恳，奋斗不息，当队长几天几夜不离开井场是常有的事；当了领导干部直至当了中央委员也始终身不离劳动，心不离群众。他说过：“几天几夜不睡觉算不了什么，流几身汗也算不了什么，只要把国家建设好，幸福在后头。现在我们少数人吃苦，能换来多数人的幸福，换来子孙万代的幸福。”“铁人”王进喜不仅在生活中践行艰苦奋斗，而且在思想上坚持艰苦奋斗。他说：“艰苦奋斗是非同小可的问题。一个革命者的一生，就是战斗的一生，就是克服困难的一生，我们要艰苦奋斗一辈子。就是为国家打了几口井。一切成绩和荣誉，都是党和人民的，我自己的小本本上只能记差距。”他一边参加劳动一边听取群众意见，解决工人的实际问题，成为大家的知心朋友。他看到天冷时工服不保暖，工人挨冻，就到缝补厂建议把棉裤后腰加高加厚，给工人做皮背心和皮护膝。钻井生产，生活特别是住房、吃粮面临困难时，他利用闲余时间带领职工和家属开荒种地，烧砖，割苇，盖“干打垒”住房，让工人和家属“吃饱肚子去会战”，“回来有个窝”。

第一批纳入中国共产党人精神谱系的伟大精神中就有“铁人精神”，“铁人精神”是王进喜崇高思想、优秀品德的高度概括，也集中体现出我国石油工人精神风貌。“铁人精神”无论在过去、现在和将来都有着不朽的价值和永恒的生命力。

案例分享

皮进军被称为“拼命三郎”不仅是因为他事事冲在前、干在前，还因为他想在前。400多条合理化建议为公司带来了巨大的经济效益。

1972年11月，皮进军出生在沂蒙山区沂南县的一个小山村。吃苦耐劳是祖辈教给他最宝贵的经验财富。皮进军19岁高中毕业时，赶上了“劳务输出”开始兴盛的时期，机缘巧合下进了青岛港（集团）有限公司，成为一名煤炭装卸工。挣钱改善生活质量是当初他最大的工作动力。

1996年，皮进军来到了大港分公司，货港的工作辛苦程度比之前的岗位有过之无不及。在川流不息的码头上，皮进军改变了吃苦耐劳的观点，动脑子琢磨点子开始成为他的发力方向，也是他未来创造更多效益、带来更多社会价值的重要原因。

从1997年皮进军被提拔为装卸队班长之后，几乎每个生产记录都有他的影子。在套袋、缝包、搬包的各个工序上，皮进军细心研究，终于把灌装50公斤化肥的时间从12秒降低到9秒，每班每箱的效率在原先的基础上增加了350吨，达到了1306吨，这种工作效率的提升能直接反映到每个工人的钱袋子里。

皮进军首先从“套袋”环节下手，调整“套袋”程序，由工人随时放空袋子，使袋子高度始终保持在工人的腰部位置，从取袋到套袋，腰部用力均匀，动作连贯，平均一包就可以省出1秒钟的时间。

在“缝包”环节，皮进军则总结出来了“六字要领”，即“捏”“攥”“拉”“挤”“塞”“割”。右手“捏”住外袋放进缝包机口，左手“攥”住内袋往相反方向一“拉”，“挤”出空气，迅速把内袋“塞”进外袋，最后再用左手“割”断缝包线。这个过程在短短的3秒钟内一气呵成，比以前可节省出1秒钟。

而在“搬包成组”环节，皮进军也自己琢磨出“四步作业法”并推广开来，这个环节也比之前缩减了 1 秒工作时间。

工人们上下齐心，工作起来也更有干劲，创造出了最高效率，而这种效率也被青岛港集团命名为“进军灌装”，成为青岛港有史以来第一个由农民工创立的品牌。

皮进军在一线岗位工作了 20 多年，从最开始普通的农家子弟，成长为农民工党员，先后荣获“中国青年五四奖章标兵”“全国十大杰出进城务工青年”等多项荣誉，2017 年 6 月当选为党的十九大代表，皮进军连续两届被选为党代表。

（摘自山东政事 2017 年 10 月 4 日）

二、自强不息是“破圈”出彩的力量源泉

自强不息，厚德载物，是要人们效法天地，在学、行各方面不断去努力。传统文化强调“天人合一”，人源于天地，是天地的派生物，所以天地之道就是人生之道。自强不息，是一切成功的源泉，是中华民族奋斗不止、生生不息的精神支柱。自强不息，不仅是指在佳境和顺境中的奋斗，更是指在困境和逆境中的奋斗。历代俊彦豪杰力行“穷且益坚，不坠青云之志”和“穷则独善其身，达则兼济天下”的坚韧精神。

（一）保持自强不息的昂扬意志

人生不如意者十之八九，人生的路有起有落，并不总是一帆风顺的。人生难免遇到生活事件、职业压力、社会压力等，如何摆脱困境，战胜困难？一切都会过去的。颓废，气馁，唉声叹气，怨天尤人，于事无补。

自强不息，奋勇进取，表现了中华民族高尚的民族志气，它使我们这个民族创造了灿烂的古代文明，长期在世界上处于领先地位，使我们历尽艰难而不衰亡，具有强大的凝聚力、战斗力。历史上不乏前人自强不息之记载，

如越王勾践，卧薪尝胆；左丘失明而作《左传》；孙膑双脚被砍而作《孙膑兵法》；司马迁被处宫刑而发愤15年著述成《史记》。越是宏伟的志向，它所遇到的障碍就会越大，因而贵在热情，贵在坚持，贵在毅力，要全身心地投入，百折不挠，准备做出牺牲。如三国诸葛孔明先生曰："夫志当存高远，慕先贤，绝情欲，弃凝滞，使庶几之志，揭然有所存，恻然有所感。忍屈伸，去细碎，广咨问，除嫌吝，虽有淹留，何损于美趣？何患于不济？"中国有许多动人的传说，如"夸父逐日""精卫填海""大禹治水"等，所反映的就是一种可贵的自强不息的精神。

案例分享

在美国，出洋预习班的同学们，目睹北美西欧科学技术的巨大成就，对机器、火车、轮船及电讯制造业的迅速发展赞叹不已。有的同学由此对中国的前途产生悲观情绪，詹天佑却怀着坚定的信念说："今后，中国也要有火车、轮船。"他怀着为祖国富强而发奋学习的信念，刻苦学习考入耶鲁大学土木工程系，专攻铁路工程。在大学的四年中，詹天佑刻苦学习，以突出的成绩在毕业考试中名列第一。回国后，詹天佑满腔热忱地把所学本领贡献给祖国的铁路事业，1905—1909年，在他的主持下修建了我国自建的第一条铁路——京张铁路；创造竖井施工法和"人"字形线路，震惊中外。他还著有《铁路名词表》《京张铁路工程纪略》等；有"中国铁路之父""中国近代工程之父"之称。

这个故事给年轻人很大的启迪：要坚定信念，报效国家。要像周恩来要求的那样，为中华之崛起而读书。

我们经常可以看到，有这么两类人，一些身体健康、条件优越的幸运儿总是在怨天尤人、碌碌无为，"跟着感觉走"；而一些身患残疾、身处逆境的不幸者，却能够积极进取、奋发有为，“扼住命运的咽喉”。态度截然不同，结果也就有天壤之别。态度影响作为，有不同的人生态度就有不一样的人生。

案例分享

生活在十月革命时期的主人保尔·柯察金，他一生的道路崎岖不平，坎坷不断；但他经受生活的各种风雨磨炼时，并不是屈服于魔爪之下，而是以乐观的人生态度，刻苦前进，以顽强的意志，坚持到底，最后取得了成功。保尔为什么能乐观地对待人生？正如他所说：“在前面等着我们的，不是欢乐的童年和美好的青年时代，而是从清晨一直持续到夜晚的繁重劳动。其目的，仅是一块面包而已。”贫穷、饥饿与屈辱造就出了保尔这样的生活强者。至于他为什么能做生活的强者，也正像他所说的：“人最宝贵的是生命。它给予我们的只有一次。人的一生应当这样度过：当他回首往事的时候，不因虚度年华而悔恨，也不因碌碌无为而羞愧。”

柯水昌是上海残疾人乃至全国残疾人中赫赫有名的“全国自强模范”。因车祸高位截瘫的他，是从轮椅上“站起来”的“上海工匠”。2005 年，他创办了一家电子科技有限公司，并先后开出了 7 家分店开展电脑等工业和电子设备维修。天有不测风云。2011 年，雨中的一场车祸让柯水昌成为高位截瘫的残疾人，脊柱胸一段以下全部失去了知觉，连吃饭都不知饥饱。之后，柯水昌的公司瘫痪了一年。当他打起精神想重操旧业时，却发现自己甚至拿不动一台笔记本电脑。懊恼的时候，妻子李静帮他找到了一条路：“手机很小，我们可以从修手机试起来啊！”公司仅用半年时间就起死回生，而柯水昌自己也从维修工业电路板、电气设备的硬件工程师变成了人们口中那个“修手机的残疾人”。柯水昌自己从来没有满足于做手机维修。“我站不起来了，干不动体力活，但是，经验和知识还在呀，我可以带徒弟，把‘重装备’的维修经验传帮带下去”。他不仅书写了自己蹚过泥泞的传奇，更带出 684 名残疾徒弟，帮助57名残疾人创业，托举起741个家庭的希望。同时，他还不断产生新的念头，前进在助残扶残的探索路上。他们总是奔波在公益路上：他们面向老年人和残疾人开设的智能手机培训，教会了老年人打车，教会了盲人按摩师在“小红书”上发帖引流，1706场培训共计惠及5.8万人次；他们在“阳光201”上海市残疾人就业服务综合平台开出全国首家“阳光电子产品循环利用中心”和“一缕阳光电子科创工作室”，把残疾人职业培训、就业指导、创业孵化与电子产品回收利用的“碳中和”目标结合起来；柯水昌还是上海市匠心汇残疾人职业技术能手俱乐部的领头人，带领191名优秀残疾人职业技术能手，勇攀上海残疾人职业技能人才高地建设的新高峰……柯水昌家庭还曾获评“上海五好文明家庭标兵户”“全国最美家庭”等称号。

（摘自中工网2024年3月13日）

从上面保尔·柯察金和柯水昌的事迹可以看出，他们虽然身体残疾，但是凭借着坚定的意志和不懈的努力，实现了人生的“破圈”出彩。他们的事迹告诉我们，身体有缺陷，一样可以成就伟业。无论身体条件如何，只要我们内心坚定、有毅力，就一定能够战胜困难，创造出属于自己的辉煌。

坚强是正视自己的缺陷，然后乐观地走向正确的路。我们要努力做到：面对挫折，不懦弱、不退缩；面对挑战，不自卑、不逃避；面对失败，不灰心、不悲伤。每个人都是自身的设计师，命运在自己手里。可见，人生从来没有真正的绝境，无论遭受多少苦难，只要一个人的心中还怀着一粒信念的种子，那么总有一天会走出困境，“破圈”出彩，开花结果。

（二）在挫折、逆境中磨炼自己

“宝剑锋从磨砺出，梅花香自苦寒来。”任何挫折和逆境的发生都是有可能的，应有随时应付的心理准备。这样，在挫折降临到自己头上的时候，就不会茫然无措，无所适从。当困难来临时，我们与其思索它带给我们的烦恼，不如笑着去迎接它。有时候或是自然或是人为因素把我们推入困难的处境当中，这时，有的人能直面挫折，化解痛苦；而有的人却常常夸大挫折，放大痛苦，不一样的态度，不一样的人生旅途。

当遇到困难与挫折时，不要逃避，更不要畏惧，以积极乐观的心态去面对它，用坚持不懈的奋斗去战胜它。把困难当作人生道路上的一块顽石，用锲而不舍的精神将它雕刻成最完美的雕塑，把挫折当作生命历程中的一次寒冬，以积极热情的心将它化为最美好的春天。

案例分享

卢仁峰，大国工匠，中国兵器工业集团首席技师，内蒙古第一机械集团有限公司焊工。一辆坦克的车体是由数百块钢板焊接而成的，焊缝有 800 多条，几十年间，卢仁峰焊接的产品合格率为 100%。然而，就是这个 100% 凝聚了无数的汗水与坚韧，因为这个 100% 是他仅靠一只手完成的，他的执着就像一根根焊条将他与这份事业牢牢地焊在了一起，“独臂焊侠”成为焊接技术的领军人。

（摘自中工网 2023 年 8 月 18 日）

人生路有起有落，不总是一帆风顺的，总会有些逆境。问题是遇到了逆境怎么办，是勇敢地尝试，还是放弃？遇到再大的逆境，都应该有信心，想办法克服。很多成功的人，是在逆境中锻炼成长的，在磨砺中磨炼意志，屡挫屡奋，由逆向顺。顺境要保持清醒，逆境要坚持改变。顺境中人们看到的是鲜花和笑脸，然而，习惯于喜悦浸润的心灵往往承受不起打击，只有通过逆境，尝遍人间酸甜苦辣，感受世态冷暖炎凉，才能有更多一层对生活的领悟，更了解人生的真谛。

只有经得起逆境考验的人，才能成为真正的强者。古今中外的伟人，大多是抱着不屈不挠的精神，从逆境中挣扎过来的。双耳失聪的贝多芬，艰难跋涉于荆棘丛生的黑白键上，用手指重重地扣响了神圣的《命运》之门，挥洒出一部音乐家顽强与厄运抗争的辉煌乐章；海伦·凯勒战胜了失聪失明的厄运，不仅获得了常人也难以做到的成就，而且成为教育界璀璨的明珠。

人们都希望自己的生活中能够多一些快乐，少一些痛苦，多一些顺利，少一些挫折，可是命运却似乎总爱捉弄人、折磨人，总是给人以更多的失落、痛苦和挫折。造成挫折的因素有很多。例如，将奋斗的目标定得过高，能力与期望值存在差距等。人在遭遇挫折时，往往会感到缺乏安全感，使人难以安下心来，工作和生活都会受到影响。那么，人在遭受挫折的时候，如何进行调试呢?

案例分享

2021 年全国五一劳动奖章获得者张霁明由于幼年时的医疗事故，双耳失聪，一直靠助听器与外界交流。2001 年，电力自动化专业本科毕业的张霁明进入浙江省宁波市鄞州供电局，成为一名检修工。当时，鄞州正在进行变电站无人值守自动化改造。施工时，张霁明每天与厂家人员一起工作，全程参与安装、维修、测试等环节，将全区 38 座变电站系统中成千上万条数据熟记于心。后来，张霁明被调入鄞州供电局调控中心运维自动化主站，成为一名技术人员。那时，电力监控系统中的设备故障信号有 10 万余条，可张霁明只需看上一眼，就能迅速判断出故障部位和故障原因并给出处理办法。

从事电力行业 20 多年，张霁明带领团队开展技术攻关，先后取得“电网室内智能检修机器人”“变电站监控信息自动验收工具”等 6 项科技创新成果，牵头建成“毫秒级”光纤差动分布式馈线自动化系统，曾获全国五一劳动奖章、“浙江最美工匠”等荣誉。

如今，宁波鄞州配电自动化系统累计成功接入 617 条线路、1963 个开关站，实现了核心城区配电自动化全覆盖，将城市供电可靠性提高到近 100%。张霁明便是这套自动化运维系统的主要建设者。

如今，故障隔离与用电恢复时间已经从“小时级”缩短至“毫秒级”，系统已经更迭了 6 代。每一代系统从服务器安装、交换机配置到满屏柜上的接线，张霁明都全程参与搭建。此外，他还自学了计算机编程、数据库和通信规约等专业知识，并通过开发应用工具，解决了电力调度自动化系统在台风、雷雨、高温等恶劣天气下遥信误报对电网监控干扰的技术问题。

“系统实现了自动化调度，但排除故障依旧要花费大量时间。如果可以用机器人实现自动巡检就好了。”张霁明又有了新目标。他带领团队经过 4 年潜心研究，推出了电网特种作业机器人：绿色的“大眼睛”能够迅速扫描识别配电柜内装置面板灯状态，灵活的“手指”能够精准按动装置面板按钮，查询告警记录、重启装置。它还可以实现自主定点完成设备巡检、故障配件更换等 10 多项作业，精度误差能控制在 0.02 毫米之内。

20 多年的工作经验，让张霁明成为行家里手，但他始终保持着勤奋刻苦的工作态度。徒弟徐定康对此深有感触：“馈线自动化建设的关键期，师父经常加班到凌晨。最苦最累的活儿，他也总是主动揽下来。”

2017 年，张霁明牵头组建了工匠人才创新工作室，还根据多年的技术经验，出版专业书籍，帮助运维班的员工快速成长。“踏踏实实从基础干起，不怕吃苦，在实践中思考和总结，才能把工作做好。”张霁明觉得，技术总是会持续更新，要不断学习，方能与时俱进。

（摘自中工网 2024 年 1 月 4 日）

可见，表面的逆境实质是顺境的另一种表现形式，它是使你不断提高的台阶，是你奋进的源泉，是你战胜自我的过程，是你领略智慧的手段，是你攀登顶峰的必由之路。

（三）失败乃成功之母

一个人面对失败所持的心态往往决定他一生的命运。

未曾失败的人恐怕也未曾成功过。失败，只是暂时的不成功。生活因为存在困难，才会有凑巧碰上但又合理存在的失败；生活因为存在失败，才会有不甘失败的奋斗所带来的许多成功和精彩。失败者的共性特征：缺乏目标，自学能力不足，自我训练不够，缺乏决断力，缺乏忍耐力，排他性格，上进心弱，精力不集中，心胸狭窄，欠缺协作精神，欠缺热情，得到太容易。

从一个失败走向另一个失败而又没有失去热情，这就是成功的过程。有些错误确实会造成严重的后果，所谓“一失足成千古恨，再回头已百年身”。然而，没有失败，没有挫折，根本就不会有伟大的成功。应从以下几方面来理解失败乃成功之母：1. 成功前的所有失败都是必经过程，都是成功的先导，都是为成功做准备的，没有成功之前的失败，就没有失败之后的成功。2. 失败在某种意义上就是发现错误，由此你可以了解过去失败的原因，吸取失败的教训，然后慎重地避免再次的失败，从而走向成功之路。3. 战胜失败，获得成功，必须有一种坚持、坚韧、坚强的执着精神，有一个可能取得成功的正确的方向。4. 失败可以是一块踏脚石，也可以是一块绊脚石，这取决于你的态度是积极的还是消极的。在失败的过程中，我们应该积极地吸取教训、积累经验、对待失败。5. 不要误认为失败次数越多，成功的希望就越大。如果不符合客观规律去办事，那么失败的后面仍然是失败。6. “避免失败的最好方法，就是决心获得下一次成功。”这是拿破仑的名言。不为失败找理由，要为成功找方法。

一些人失败的原因，并不是他们没有能力，而是太急于选择放弃，所以落得失败的结局。生活如同金矿的矿脉一样，有时也会出现断层，只要你继续挖掘，就有希望变成现实。

案例分享

几十年前，美国一位叫达比的人和他叔叔怀揣着对西部金矿的憧憬，踏上了遥远的寻宝之旅。他们手握鹤嘴镐和铁锹，日复一日地挖掘，终于，在数个星期的艰辛付出后，他们惊喜地发现了闪烁着金光的矿石，犹如宝藏的守护者向他们敞开了宝藏的大门。于是，他们悄悄地将矿井掩盖起来，回到家乡马里兰州的威廉堡，准备集一大笔资金购买采矿设备。

不久，他们的淘金事业便如火如荼地展开了。当采掘的首批矿石被运往冶炼厂时，专家们惊叹不已，断定他们遇到的可能是美国西部罗拉地区藏量最大的金矿。达比仅仅用了几车矿石便很快将所有的投资全部收回，似乎预示着他们将一夜暴富。

然而，就在希望如日中天之际，达比万万没有料到奇怪的事发生了：金矿脉突然消失得无影无踪！尽管他们继续拼命地钻探，试图重新找到矿脉，但一切都是徒劳。金矿脉突然消失仿佛大地母亲收回了她的馈赠。好像上帝有意要和达比开一个巨大的玩笑，让他的美梦成为泡影。这一刻，达比不得不面对残酷的现实，不得不忍痛放弃了几乎要使他们成为新一代富人的矿井。他们将全套机器设备廉价卖给了当地一个收废品的商人，带着满腹的遗憾和失望返回了家乡威廉堡。

就在他们刚刚离开后的几天，这个收废品的商人突发奇想，决定去那座矿井碰碰运气。他请来一名采矿工程师考察矿井，只做了一番简单的测量，工程师便指出前一轮工程失败的原因，是由于业主不熟悉金矿的断层线。结果表明：更大的矿脉其实就在距达比停止钻探三英寸的地方。

这个故事令人震惊，仿佛是对世事的巧妙讽刺：达比虽然付出了巨大的努力，却仅仅获得了罗拉地区最大金矿的一个小小的支脉；而那位收废品的商人，仅凭微小的代价，却通过那座废弃的矿井，成功地拥有了最大金矿。这不禁让人感叹命运的奇妙和无常，成功往往就在我们意想不到的地方。只是一念之差，就会导致两种不同的结果。

荀子说："骐骥一跃，不能十步；驽马十驾，功在不舍。"精诚所至，金石为开。人做任何事，是否不达目的不罢休，这是测验一个人品格的一块标准钢，是一种极为可贵的口德。许多人在顺境下随大众向前，也肯努力奋斗。但当大家都后退时，还能够孤军奋战的人，才是最难能可贵的。这需要很强的坚韧力。

一个希望获得成功的人，要不停地问自己："你有耐性、有能力吗？你能在失败之后，仍然坚持吗？你能不管任何阻碍，一直前进吗？"你只有充分发挥自己的天赋和本能，唤醒内在蕴藏的坚韧力量才能找到一条连接成功的通天大道。一个下定决心就不再动摇的人，无形之中能给人一种可靠的感觉。他做起事来一定肯负责，一定怀揣成功的希望。因此，我们做任何事，事先应固定一个尽善的主意，一旦主意打定就千万不能再犹豫了，应该遵照已经定好的计划，按部就班地去做，不达目的绝不罢休。

成功者的特征是：绝不因受到任何阻挠而颓丧，只盯住目标，勇往直前。世上绝没有一个遇事迟疑不决、优柔寡断的人能够成功。韧性是你在极其艰苦的条件下长期从事卓有成效的工作的能力，是一种你想具备卓越的驾驭人的能力所必须培养的重要个人品质。

确立目标，那么你所有的思想、行动及意念都会朝着那个方向前进。韧性是身体健康的一部分，不管发生了什么情况，你必须具有坚持到底的能力。需要忍受疼痛、疲劳、艰苦，并同时具有体力上和精神上的持久力。有很多事情是个人无法选择的，但是我们能够选择的是坚强地走完那段崎岖之路。

案例分享

学生要毕业了，在最后一堂课上，一位老教授在黑板上写下三个字母：V、N、W。然后问：“你们理解其意思吗？”同学们纷纷答道：“V，表示电压，表示体积，表示速度，表示胜利；N在代数中表示很多，如从1开始到2，到3，到N，因此N经常用来表示特别多；W，表示什么方向，表示什么？”

老教授说：“你们都答得不错，但不是我现在要向大家展示的意思。我是想通过这三个字母的形状向同学们表示‘拐弯’是人生的大智慧。”教授在黑板重重地画了一条起伏很大的曲线，接着说：“人生的道路是曲折的，人在前进的路上就是两件事——前进和拐弯。前进需要勇气，拐弯需要智慧。”同学们静听老教授的深刻阐述。

老教授又就三个字母解释道：“把拐弯用字母‘V’来表示，这是一种迂回型的拐弯，是形退实进——左边的一半，代表向下；右边的一半，代表向上。从左边的趋势来说，本应向下，但到底部终止了，又改为向上。这是消极状态向积极状态的一种转折，是由挫折走向成功。把拐弯用字母‘N’来表示，人们按既定的道路和方向前进时，原路走不通了，必须拐弯，但这个弯不是返回原来的起点，而是拐到一个新的落脚点上，从而在新的领域获得新的发展。把拐弯用字母‘W’来表示，说明人生前进的道路上弯很多，要经过多次拐弯的锻炼、经历多次挫折的磨炼、经受多次失败的考验。”同学们听了老教授的“拐弯论”，顿悟。

人生天地间，路路九曲弯，从来没有笔直的，难免会遇到这样那样的挫折、不幸，关键在于你是否学会了拐弯。由于出现了愿不愿、会不会、善不善于拐弯等多种情形，由此也就造成了千差万别的人生。

我们要明了，成功与失败往往只有一念之差。只是一念之差，就会导致两种不同的人生结果。绝望的那一刻，往往是希望的开始；危机的尽头，往往就是转机。山穷水尽的地方，往往就会柳暗花明。你对人生已经绝望，打算离场的时候，要注意正有人兴致勃勃地打算入场。只要你再坚持一刻，成功就是你的。在现实生活当中，我们有时就是因为在遭受失败和挫折时，太急于选择，以致最终落个失败的结局。

成功的时候，不要忘记人生还有红灯；失败的时候，不要忘记前边可能就是绿灯。人生就是一条路，只要你在不停地行走，就不会在每一个路口都碰到绿灯，也不会都遇到红灯。在失败的时候，只要你不灰心丧气，心中有着不灭的希望，就不会被一时的失败所击倒，就能开创一片新的天地。

本节小结

艰苦奋斗是一种创业精神，即在与艰难困苦做斗争中，埋头苦干，吃苦耐劳，克勤克俭，艰苦朴素，奋发向上，锐意进取。这正是职工在岗位上“破圈”出彩应具备的精神。

自强不息是坚韧不拔、知难而进的拼搏精神，爱拼才会成功；自强不息是永不满足、追求卓越的进取精神，自胜者强；自强不息是革故鼎新、勇于探索的创新精神。持之以恒，久久为功。有着自强不息精神的人，能够摆脱平庸、出类拔萃、挑战自我、超越自我、追求卓越、创造一流。

第四节　谦虚谨慎是职工岗位出彩的优良品质

踔厉奋发、勇毅前行，居之无倦、行之以忠。当职工在岗位上创造了一流的成绩时，不能沉浸于过去的荣耀，骄傲自满，停滞不前；更不能追求名利。应该时刻保持一颗谦逊的心，不断学习和进步，因为只有不断进取和超越自己，才能在竞争激烈的社会中立于不败之地，在成功的道路上走得更远。

一、虚心使人进步

“戒骄戒躁，谦虚谨慎”，骄是谦虚的宿敌，躁是谨慎的对头。骄扬傲慢，何以谦虚？性躁气浮，岂能谨慎？骄傲则孤立无援，谦虚能得道多助；浮躁是失败之根，谨慎是成功之母。“满招损，谦受益”，最早出自先秦《尚书·大禹谟》，指骄傲自满招致损害，谦虚谨慎得到益处。“虚心使人进步，骄傲使人落后。”自古以来，兵骄必败，将骄必失，君骄必亡，这是历史的教训。骄傲自满，是自己亲手挖掘陷阱，浮躁是心情狂乱的象征，从来都是躁失理智，躁生多变，躁遗后患，躁主事败。

（一）虚心来自站得高

虚心不仅是成功的要素，而且也是一个人内心平静或淡泊的体现；内心的淡泊是做人做到最高境界的“心眼”，越不在众人面前显示自己，就越容易内心平静。越保持低调，越能引起公众的认可和支持。事业上立于不败之地的人，他们绝不会滥用荣誉和优点，而是继续努力去做应该做的事。苏联科学家巴甫洛夫说："绝不要陷于骄傲。"因为一骄傲，你们就会在应该同意的场合固执起来。因为一骄傲，你们就会拒绝别人的忠告和友人的帮助。因为一骄傲，你们就会丧失客观方面的准绳。所以，人要想在事业、工作上取得进步，就要谦虚、礼让、宽容，尽好自己分内的责任。

苏轼的《超然台记》云："彼游于物之内，而不游于物之外。物非有大小也，自其内而观之，未有不高且大者也。彼挟其高大以临我，则我常眩乱反复，如隙中之观斗，又焉知胜负之所在。"意思是与坐井观天一样，总觉得天只有那么大。在细小的缝隙中去看世界，又怎么能看到事物的整体呢？由于见解狭隘，所以才产生骄傲之气。我们应该把自己放在大环境中去观察，登得高，才能望得远，去认识天地之大，而感知自己的渺小。不要和不如自己的人比，要和学有所成的名人比，才觉得自己无知，微不足道。

（二）虚心就要放低姿态

任何人都没有足够的资本骄傲于人前。保持谦虚谨慎，就是要我们放低身段，认真对待生活中的每一个人和每一件事，特别是生活中容易被忽视的人和事。只有保持谦虚谨慎，才能从平凡中发现伟大，于细微处铸就辉煌。谦虚不是虚伪，而是放开心胸地低下头来尊重他人；谦虚不是推诿，不是退避，而是虚怀若谷的精益求精，于一切人、一切事里面寻找有益身心的养分。一个人总是昂着头向前走，是一定会摔跤的。人们耳熟能详的寓言故事《龟兔赛跑》说的就是兔子因为骄傲自满而输掉了比赛。

俗话说："人在屋檐下，不得不低头。"当我们面对一种崭新的环境时，应该放低姿态，谦逊为人，谦逊的姿态能够更快地被他人接受，使自己更快地适应环境。具体有以下几条。

1. 低下头才是自己。《淮南子》卷一"原道训"中说："土处下，不争高，故安而不危；水下流，不争先，故疾而不迟。"生活在土地上，接地气，脚踏实地，才是真正的自己，否则，飘起来了，就不是自己了，也许成了灰尘。

低头不是怯弱，而是嬗变，有时也许稍微一低头，就能前程似锦，正所谓，学会低头，才能出头。

低看自己一点，能少些名利，多些清醒；能少些自满，多些干劲；多看自己的短处和不足，多与别人比能力、比成绩，才能不断激发干劲，做好本职工作。

学会低头能把周围的环境看得更清楚，前进的路径看得更准确，做人做事既要有远大志向和目标，又要关注身边的事物，有助于发现和了解问题，使我们在大环境中寻找到做具体事情的规律，找到别样的乐趣。

2. 如果发现自己明显处于劣势，不妨适当地低头。因为今天的躲和低头是为了明天的昂首阔步。我们弯下腰思索人生、平衡得失后从而收获到精神食粮。不懂弯腰的人，只会在孤傲的烈日下渐行渐远。

3. 做人的七张底牌：忍——有容方为大，忍者无敌；藏——藏锋藏巧，胜者总是笑到最后；防——强者都是弱点最少的人；稳——稳扎稳打，不走弯路便是捷径；变——变则通，通则久，求变就是赢；牵——暗中牵制好过明面的强制；退——胜败无常，给自己留后路就是留希望。

4. 职场中的八件不要在乎的事：不要在乎别人说的话；不要在乎别人是否重视你；不要在乎别人是否有权有势；不要在乎自己是否输了；不要在乎荣誉和名利；不要在乎别人是否尊敬你；不要在乎自己做错了事；不要在乎别人是否帮助了你。

（三）虚心是一种处事方式

只有懂得谦虚的人才会在这个复杂的世界中游刃有余，才会在与别人交往中得到尊敬、赞美和喝彩。在交往中，我们本着谦虚学习的态度，虚怀若谷，尊重对方，以情感人，以诚动人，对方也会本着谦和的态度对待你，这就是投桃报李、礼尚往来。在工作中，以谦逊的态度向他人请教是一种追求进步的切实体现。做到发自内心地谦虚，博采众长，可以帮助你开阔思维，可以把自身不完善的想法变得完善些，可以吸取他人的优点，去掉自己的缺点。

自己做的事没成功时，要勇于承认自己的不足，努力把事情做圆满。适度地检讨自己，并不会使人看轻你。学习别人的长处，弥补自己的不足。在同朋友的交流中，要用谦虚、友好的态度对待每一个人。不要每天炫耀自己，否则别人将会对你感到乏味。

谦虚也要把握“度”，如果把自己看得太高，容易被别人看低；如果把自己看得太低，又容易不被别人尊重；如果故意抬高自己则是心虚，如果故意贬低自己则有矫揉造作之嫌。

二、淡泊名利

相传清朝的乾隆皇帝游江南，站在江苏的金山寺上，看见许多船来来往往，他问一个老和尚：“你在这里住了多少年？”老和尚不知道问话的人就是当今皇上，他说：“住了几十年。”乾隆问他：“几十年来看见每天来往的有多少船？”老和尚说：“只看到两只船。一只为名，一只为利。天下熙熙，皆为利来；天下攘攘，皆为利往。”这个故事启示我们：其一，君子言利，取之有道；君子求名，名正言顺。其二，要看淡名利。功名利禄，身外之物，过眼烟云。其三，人为财死，鸟为食亡。不能为名利而活，很多人在名利中迷失自己，死在名利之中。其四，要追求高尚。义以为上，见利思义。

自古以来，因正确看待名、利，淡泊名利，拿得起放得下，而受人尊敬并走上成功之路的人比比皆是。也有一些人奔波劳碌把名和利作为人生的主要支点，纸醉金迷，穷奢极欲，最终也是心神不宁，万事忧心，因为贪图名利而身败名裂。

人活在世上，无论贫富贵贱，穷达逆顺，都免不了要卷入名利中。超越自我，争创一流之后，就有一个如何对待名利的问题了。诸葛亮《诫子书》

云：“非淡泊无以明志，非宁静无以致远。”这句话表达了他不追逐名利的高尚情趣和实现远大抱负的志向，成为许多仁人志士追求的修身境界。

在价值观多元化的当今社会，人们的传统观念受到拜金主义、享乐主义等腐朽思想的影响，一些人的价值观甚至被扭曲，认为只有获得名誉、金钱和地位才是能力的象征，否则就是无能的表现。因此，能够在物欲横流的现实中保持一颗平常心并非易事。“宠辱不惊，闲看庭前花开花落；去留无意，漫随天外云卷云舒”，才是淡泊人生的最高境界。有些人用尽心思追名逐利，整天想着怎样才能爬上更高的职位，捞得更多的钱财，甚至不惜以身试法。在他们的思想观念里，纸醉金迷、腐朽奢华的生活才是人间的天堂。而这些眼里只有名利没有百姓利益的腐败分子，最终沦为名利的奴隶，失去了做人的真正乐趣。要想成功，要尽量地淡泊名利和荣誉等，努力干好自己想做的事，这样才有成功的可能。

岗位上得名利以后的那份光彩，是很多人都憧憬的。但如果过于看重名利，必将为名利所累。因此，唯有淡泊名利、顺其自然的人，才能真正获得做人的快乐。

古往今来，多少高官巨儒之所以在权、钱、色的诱惑下坠马落崖，究其原因，无不是为欲所困，为欲所害。“无理则欲乱，无欲则理废。”欲少智慧多，心宽忘屋窄。欲不可纵，纵欲成灾。节制的欲望是人前进的动力，泛滥的欲望是人痛苦的渊薮。做人要三分淡泊，七分韵致；做事要三分从容，七分洒脱。

在名利面前，要在思想上提高警惕、始终保持一份清醒，“名利于我如浮云”，以平常之心对待“名”，以淡泊之心对待“位”，以知足之心对待“利”，以敬畏之心对待“权”，以负责之心对待“事”。

案例分享

有位老锁匠想把开锁的手艺传下去，精心挑选了两个徒弟，让他们分别去开两个保险柜。大徒弟用了 5 分钟打开了保险柜，小徒弟用了 20 分钟。老锁匠问：“保险柜里有什么东西？”大徒弟说：“柜里装的都是钱！”小徒弟说：“我只顾着开锁，里面有啥我没看。”老锁匠宣布小徒弟为开锁传人，并说：“一个合格的锁匠，必须做到心中只有锁，而无它念。”

心中只有锁是锁匠的职业道德，也是道德底线。所谓道德底线，就是道德准则所规定的道德主体活动的范围，就是由一系列成文或不成文的社会规范组成的约束体系，是对人最基本的要求，是人人都应该做，人人都可以做到的。一个社会如果底线失守，就会乱象横生。道德上线没有最高，只有更高。每个人因自己的道德高度不同而有着自己的道德上线。

三、视成功为新起点

空杯心态是一种挑战自我的永不满足。空杯心态是随时对个人拥有的知识和能力进行重整，清空过时的，更新新知识和新技能；空杯心态是永远不自满，永远在学习，永远在进步，永远保持身心的活力。这类人重视事业，淡泊名利。有了荣誉，适时空杯归零，从零开始，才能有新的进步和成绩，很多人第一次成功相对比较容易，第二次成功却不容易，原因是缺少归零的能力和勇气。

案例分享

莱特兄弟，1903 年，完成首次飞行试验后，两人名扬全球，然而他们却完全没把声名放在心上，只是默默地工作，不写自传，不参加无意义的宴会，也从不接待新闻记者。有一次，一位记者要求哥哥维尔伯发表讲话，维尔伯回答说：“先生，你知道吗，鹦鹉喜欢叫得呱呱响，但是它却怎么也飞不高。”还有一则是弟弟奥维尔的故事。奥维尔和姐姐一起用餐，吃到一半，奥维尔顺手从口袋摸出一条红丝带擦嘴，姐姐看见了，问他：“哪来的手帕这么漂亮？”奥维尔毫不在意地说：“哦，这是法国政府发给我的荣誉奖章，刚刚嘴巴沾油没手帕用，我就拿来擦嘴了。”

当代大学者钱锺书，终生淡泊名利，甘于寂寞。他谢绝所有新闻媒体的采访，中央电视台《东方之子》栏目的记者，曾千方百计想冲破钱锺书的防线，最后还是不无遗憾地对全国观众宣告：钱锺书先生坚决不接受采访，我们只能尊重他的意见。20 世纪 80 年代，美国著名的普林斯顿大学，特邀钱锺书去讲学，每周只需他讲 40 分钟课，一共只讲 12 次，酬金 16 万美元，食宿全包，可带夫人同往。待遇如此丰厚，可是他却拒绝了。他的著名小说《围城》发表以后，不仅在国内引起轰动，而且在国外反响也很大。新闻和文学界有很多人想见见他，一睹他的风采，都遭到了他的婉拒。有一位外国女士打电话说读了《围城》想见见他。钱锺书再三婉拒，她仍然执意要见。钱锺书幽默地对她说：“如果你吃了个鸡蛋觉得不错，何必一定要认识那只下蛋的母鸡呢？”1991 年 11 月钱锺书 80 华诞的前夕，家中电话不断，亲朋好友、学者名人、机关团体纷纷要给他祝寿，中国社会科学院要为他开祝寿会、学术讨论会，钱锺书一概坚辞。《围城》发表以后，英国撒切尔夫人访问北京时，指名要见钱锺书。钱先生回绝了，并再次幽默地说：“鸡蛋好吃，吃就行了，何必要见下蛋的鸡呢？”钱锺书把自己的本分定位于下蛋，就是写作。这就是文人的本分，从这种本分中看出了人的风骨。守本分，这是立身做人的前提和基础。离开做人的本分，本事再大的人也难有作为。本事，是人的能力。事业上的成功，一靠本分，二靠本事。不守本分，难有本事。人生要守住自己本分，充分运用自己的本事尽力付出。

有了成绩，获得荣誉之后，需要时刻提醒自己，不要忘记那些曾经帮助过你的人，不要忘记那些曾经陪伴你走过艰难岁月的人，记得跟身边的人分享。你要时刻保持一颗感恩的心，珍惜身边的一切。

谦逊和低调很重要，要注意过犹不及，凡事都要把握好度。但不能过度地隐藏自己，那会让你失去很多机会。就是要在适当的场合下展现自己的实力和价值，让别人看到你的光芒。只有这样，你才能在竞争激烈的社会中立足扎根、开花结果。

本节小结

现代社会充满竞争，也充满诱惑和浮躁，人们的价值观念多元而又多变。人生要出彩，就应具有淡泊以明志、宁静以致远的优秀品格，把为理想而奋斗当作人生快乐的源泉，珍视理想，珍视人生，用高尚的理想和情操充实自己的精神世界，努力实现人生理想，实现人生价值。

树立正确的名利观，以平和之心对“名”，以知足之心对“利”，自觉坚持洁心、洁身、洁行、以廉为荣，以俭立身，耐得住艰苦，守得住清贫，抗得住诱惑，始终具有拒腐防变的能力。道德当身，故不以物惑。淡泊名利就要努力做到清心寡欲、洁身自好、清白做事、干净做人；办事公正，清正廉洁；一心为公，一心为事业。在名利、金钱、美色面前，要去贪念、戒私欲。抛弃攀比心，保持平常心，把好心理关。

第三章

匠心独具、守正创新是职工岗位“破圈”出彩的价值彰显

科学是技术之源，技术是产业之源。创新是人类特有的认识能力和实践能力，是人类主观能动性的高级表现形式。创新是一个民族进步的灵魂，是社会发展的不竭动力。一个全民创新的国家会更有力量，一个全员创新的企业会更有生机。发展蕴含机遇，创新成就伟业。各行各业都坚持守正创新，守正之“正”是方向、道路、性质、立场；“创新”之“新”就是勇于探索、开辟新境，敢于说前人没有说过的话，敢于干前人没有干过的事情。踔厉奋发地为制造中国向创造中国的转变作出应有的贡献。创新，不仅是社会发展与前进的动力，也是个人自我超越、“破圈”出彩的加速器和价值彰显。

第一节　创新思维与创新原理是职工岗位“破圈”出彩的利器

创新是一种以新思维、新发明和新描述为特征的概念化过程。创新涵盖各个领域，创新是企业提升核心竞争力的重要途径，是企业生存和发展的生命线。唯创新者进，唯创新者强，唯创新者胜。

一、创新思维是技术创新的认知和理解

创新起源于拉丁语，原有含义：更新，改变，创造新的东西。创新，就是要超常规，敢于突破老规矩，敢于打破旧框框，敢于接受新事物，创造性地建立新机制、制订新思路、采取新方法、取得新成绩。创新就是独特、超越、与众不同、“更上一层楼”。

创新理论是美国经济学家熊彼特 1912 年首先在其代表作《经济发展理论》中提出的；所谓创新就是要“建立一种新的生产函数”，即“生产要素的重新组合”，就是要把一种从来没有的关于生产要素和生产条件的“新组合”引进生产体系中去，以实现对生产要素或生产条件的“新组合”；“企业家”的职能就是实现“创新”，引进“新组合”；所谓“经济发展”就是指社会不断地实现这种“新组合”，或者说经济发展就是这种不断创新的结果；而这种“新组合”的目的是获得潜在的利润，即最大限度地获取超额利润。

（一）创新思维

创新思维，是一种具有开创意义的思维活动，即开拓人类认识新领域、开创人类认识新成果的思维活动。或者说创新思维是反映事物本质属性和内外在有机联系并能引导与促进创新的新颖广义模式的心理活动。创造性思维是以感知、记忆、思考、联想、理解等能力为基础，以综合性、探索性和求新性为特征的高级心理活动，需要人们付出艰苦的脑力劳动。

思维定式，也称为“惯性思维”，是由先前的活动造成的一种对活动的特殊的心理准备状态或活动的倾向性。在环境不变的条件下，定式使人能够应用已掌握的方法迅速解决问题。然而，在情境发生变化时，它则会妨碍人采用新的方法。心理学认为：创造性思维是指思维不仅能提示客观事物的本质及内在联系，而且能在此基础上产生新颖的、具有社会价值的前所未有的思维成果。创造性思维是在一般思维的基础上发展起来的，它是后天培养与训练的结果。因此，我们可以运用心理上的自我调节，有意识地从以下几个方面培养自己的创造性思维。

1. 发散思维

创新能力的核心是创新思维，而发散思维是创新思维方向性的指南针，是创新思维的起点。发散思维是指人在思维过程中，无拘束地将思维由一点向四面八方展开，没有明确的边界或范围，从而获得众多的解决问题的设想、方案和办法的思维过程。即“发散”的特征，使观念发散到各个有关方面，最终产生多种可能的答案而不是唯一的正确的答案，因而容易产生有创见的新颖观念。发散思维，形象描述就是从问题对象和问题中心出发，各条思维好像多条光线一样向外放射。每一条思维都是由问题中心发出的，但各条思维之间没有逻辑上的联系，互相的转换不是直接的。发散思维本质上是一种非逻辑的思维方式，所以，发散思维所捕捉到的思维目标有可能远离头脑中已有的逻辑框架而具有新意，成为一个新的创新萌芽。发散思维能够让我们不受限制地思考和行动，不受外部因素的限制，发散性地寻求更多的信息和观点，从而产生更多的创新思路和解决方案。通过发散思维，我们可以拓展思维的边界，打破思维定式，创造出更广阔、更具创造力的思维空间。

2. 收敛思维

收敛思维又称集中思维，是一种寻求唯一答案的思维，其思维方向总是指向问题中心。收敛思维在解决问题的过程中总是尽可能地利用已有的知识和经验，把众多的信息和解决问题的可能性逐步引导到条理化的逻辑链中去。它集中各种想法的精华，达到对问题系统全面的考察，为寻求一种最有实际应用价值的结果，把多种思维理顺、筛选、综合、统一。发散思维是一种求异思维，把各种不同的可能性都设想到。收敛与发散是一种辩证关系，既有区别又有联系，既对立又统一。没有发散思维的广泛收集，多方搜索，收敛思维就没有了加工材料；没有收敛思维的过程，发散思维的结果再多，也不能形成有意义的创新结果。只有两者协同动作，交替运用，一个创新过程才能圆满完成。

3. 逆向思维

逆向思维又称反向思维。如果我们习惯于固有的思维方式，从常规的观点出发去思考问题，就很容易阻碍创新思维的展开。因此，在面对问题和困难时，我们应该采取逆向性的思维，这种情况下存在正、逆思维的联结，可以从相反的角度拓宽我们的思维视野，寻找解决问题的办法，避免陷入僵化的思维模式。

4. 综合思维

综合思维不是把事物各个部分、侧面和属性的认识，随意地、主观地拼凑在一起，也不是机械地相加，而是按它们内在的、必然的、本质的联系，调节局部与整体、直接与间接、简易与复杂的关系，在诸多的信息中进行概括、整理，把抽象的法则及有关的解题内容具体化、繁杂内容简单化，从中提炼出较系统的经验。这种把整个事物在思维中再现出来的思维方法，不仅有助于我们更好地理解和掌握事物，还能够促进创新和发现新的可能性，从而在解决问题时更具有创造性和灵活性。

5. 联想思维

联想思维是指在人脑的记忆表象系统中，由于某种诱因，将从表面看来互不相干的事物联系起来，从而达到创新的界域，从而产生新的思考和创新。联想思维按联想类型可分为：接近联想，时间或空间上的接近都可以引起不同事物之间的联想；对比联想，由于事物之间完全对立或存在某种差异而引起的联想；因果联想，由于两个事物存在因果关系而引起的联想，由此及彼、举一反三、触类旁通。但是，联想不能随意泛滥，否则会导致思维的濡化。因此，在创新过程中，需要谨慎地选择和运用联想思维，以确保其能够产生切实可行的创新。

6. 想象思维

创新的本质是“无中生有”。在创新的过程中，除运用联想思维发现看似无关的事物间或多或少的内在联系之外，人脑还会通过形象化的概括作用对头脑中已有的记忆表象进行加工、改造或重组等思维活动。想象力是在你头脑中“描绘”画面的能力，就好像一支画笔，凭借个人的意志，什么东西都可以在头脑里画出来。比如当你说起汽车，我马上就会想象出各种各样的汽车形象、声音、质感等。想象力是否丰富，是想象思维能力强弱的判断依据。

7. 逻辑思维

逻辑思维的基本规律有同一律、矛盾律、排中律和充足理由律，以及定义依据、实验、验证、划分、观察、假设等方法。逻辑思维有助于人们正确认识客观事物，使人们通过揭露逻辑错误来发现和纠正谬误，从而取得创新性的思维成果。例如，化学家门捷列夫在创立元素周期表后，就运用逻辑思维，严密地推断出当时还没有发现的新元素的存在，并计算出新元素的原子量。

8. 直觉思维

直觉思维是指未经逐步分析而迅速地对解决问题的途径和答案做出合理反映的思维，如猜测、预感、设想、顿悟等。知识结构可以说是一种“间架”，其中当然存在着很多“缺口”。这些“缺口”对于熟悉这个问题的人，就是一个具有吸引力的因素，产生“心有灵犀一点通”的效果。物理学上的阿基米德定律是阿基米德在跳入澡缸的一瞬间，发现澡缸边缘溢出的水的体积跟他自己身体入水部分的体积一样大，从而悟出了著名的比重定律。

9. 多向思维

即从纵、横、逆三方面来思考问题，具有广泛的应用范围。如果可以从不同角度对一个问题进行思考，就能够更全面地了解到问题的本质并找出解决方法。同时，多向性也意味着问题不仅可以从一个方面进行思考，也可以从多个方面进行思考，没有固定的观点。这种多向性的特点使得我们在解决问题时能够灵活地运用不同的思考方式，从而找到更有效的解决方案。

10. 联动思维

创新思维具有由此及彼的联动性，通过这种联动，可以看到以往经验与观念的相互影响，形成新的创造性形象。这种联动性不仅存在于个人经验中，也存在于团队、组织或社会中。只有通过这种推动力，我们才能不断创造和创新，推动个人和社会的进步和发展。

11. 开放思维

开放思维就是不断地打破思维路径依赖，从更多的角度、更多的层次、更多的维度来观察这个世界存在的无限可能。你能够更深入、更透彻地看清楚人性，看清楚人的需求。这种思维方式，不仅包括自己的思考和想法，还需要借鉴和吸收外部的信息与思维。开放性意味着创新者能够将不同的观点和思想结合起来，以形成新的、独特的解决方案。

12. 辩证思维

创新是一个系统工程，系统中的各种要素构成个整体，彼此既相互联系，又互为条件。应该从多个角度辩证思考，循序、系统、连贯地进行。辩证思维指的是按照辩证逻辑的规律，即唯物辩证法的规律进行的思维活动，辩证思维是高级的思维活动，它依据唯物辩证法来认识客观事物，揭露事物内部的深层次矛盾，从哲学的高度为人们提供世界观和方法论。辩证思维在创新活动中将起着突破性的作用。还有，通过追问法、切分法，寻找相关性，分析合理性，验证真实性，刻意追求独特的思维。

13. 动态思维

动态思维是指一种运动的、调整性的、不断优化的思维活动。动态思维强调思考的动态性，也就是避免静止地看待问题。动态思维是一种用变化、发展的眼光看世界的思维方法。互联网使整个社会相互连接起来，形成一个巨大的、动态的联系网。生产不断地变革，一切社会关系不停地动荡。以前在思维方式中占统治地位的静态思维方法逐步让位于动态思维方法。动态思维法就是要不断地输入新的信息，进而形成新的思维目标、思维方向，对事情、工作实施新的方案。

（二）引发创新思维的要素

1. 突破自我、突破常规、突破思维定式

人生要想有所作为，就离不开创新，而创新的源泉实际上就是突破自我、突破常规和思维定式，首先从思想上战胜自己。人只有突破传统的思维模式，才能发挥自身强大的潜能，否则，心灵受到束缚，潜能就会受到限制。思维因充满弹性而精彩，创新因思维的精彩而闪亮，思维如果陷于定式，创新则无源可溯。思维定式更是随处可见，表现为机械地重复别人、重复过去。培养创新思维必须打破思维定式，而打破思维定式要建立在多思考的基础上。我们通过思考，加以分析、综合、归纳和推理，打破思维里的墙，才有可能上升到对事物本质和规律的认识，达到一个新的境界。

大脑的思维是多元的，大脑以不同方式运转。在运转过程中，因为相互碰撞而加快大脑的运转速度，创造更多大脑能量。想要真正地激发大脑的潜力，就要从更多的角度去考虑问题，收集到更多的相关信息，或找到解决问题的方法，或集成有用的信息，便于思考问题时使用。多元思维的长期运用，还可以强化多种思维模式，让我们的大脑成为一个拥有无限吸引力的能量场。

特别是随着人工智能时代的到来，要从整体把握人工智能技术的特征和重要内容。要掌握几个主要人工智能技术的基本内容，运用人工智能基本方法解决技术问题。要积极主动地查阅资料文献，了解前沿发展动态，发挥想象力和创新精神，用学过的人工智能技术来进行创新实践。

2. 激发好奇心和求知欲

人的创造力的强弱，受创新意识、创造思维能力和是否掌握创造方法与策略这三个因素的影响，而激发好奇心和求知欲是培养、提高或掌握这三个因素的推动力。一个好奇心强、求知欲旺盛的人，往往自信勤奋，善于钻研，勇于创新。好奇心和求知欲离不开兴趣，兴趣可以使枯燥的知识变得生动，兴趣可以激发个体的好奇心，从而激发思索的欲望。

古希腊的哲学家柏拉图和亚里士多德都认为，哲学的起源乃是人类对自然界和人类自己所有存在的惊奇。他们认为：积极的创新思维，往往是在人们感到“惊奇”时，在情感上燃烧起来对这个问题追根究底的强烈的探索兴趣时开始的。在好奇心的基础上激发创造性学习的欲望，强烈的求知欲是在需要的基础上产生的。没有精神上的需要，就没有求知欲。有意识地为自己出难题，或者去啃前人遗留下的不解之谜，激发自己的求知欲。一个人只有总是处于跃跃欲试的阶段，才能使自己的学习过程变成一个积极主动、上下求索的过程。这样的学习，不仅能获得现有的知识和技能，还能进一步探索未知的新境界，发现未掌握的新知识，甚至创造前所未有的新见解、新事物。

因此，有人说："好奇心是学者的第一美德。"知识是力量的源泉，也是思维的最初动力和基本手段。通过勤奋学习，用知识的金钥匙打开智慧的大门。

3. 展开幻想翅膀

人脑有四个功能部位：一是外部世界接受感觉的感受区，二是将这些感觉收集整理起来的储存区，三是评价收到新信息的判断区，四是按新的方式将旧信息结合起来的想象区。只善于运用储存区和判断区的功能，而不善于运用想象区功能的人普遍不善于创新。据心理学家研究，一般人大脑只用了想象区的 15%，其余的区间还处于冬眠状态。开垦这块空白区间就要从培养幻想入手。想象力是人类运用储存在大脑中的信息进行综合分析、推断和设想的思维能力。在思考过程中，大脑如果没有想象，思考会发生困难。特别是指大脑创造想象的能力，它是由思维调节的。

爱因斯坦说过："想象力比知识更重要，因为知识是有限的，而想象力概括着世界上的一切，推动着社会进步，并且是知识进化的源泉。"爱因斯坦的狭义相对论就是从他幼时幻想着人跟着光线跑，并能努力赶上它开始的；世界上第一架飞机是从人类幻想造出飞鸟的翅膀开始的。幻想不仅能引导我们发现新的事物，而且还能激发我们努力作出新的探索，进行创造性劳动。

4. 质疑问难，求新求变

巴尔扎克说："问号是开启任何一门科学的钥匙。"创新不一定需要大天才，关键在于找出新的改进方法。实践出真知。从工作中来，到工作中去。

在管理学中，"摩斯科定理"主张刨根得根，问底知底。因为，当你询问他们问题时，他人的第一反应往往是不假思索或者随意应付，只有继续追问下去才能得到想要的答案。一旦随意行事，就容易困于当下，脱离原本正确的轨道。相反，懂得从受限的思维中挣脱出来，反而会出现转机。通过透彻的思考，直击问题的本质。

当遇到难题和艰巨任务的时候，思想上就会产生压力，逼着人们思考问题。学起于思，思起于疑。提出疑难问题来讨论，提出疑问以求解答。凡事多问几个为什么。对于疑问反复讨论、分析或辩论。注重思维超越，敢于突破经验，创新求变。将已有知识结构进行调整和重新组合可以激发思维，变换一个角度认识已经熟悉的事物可以引起新的思考，从已有的知识链条中抽出一环镶嵌到另一组知识序列中，从而寻找出某种新的联系，可以引发出创新思维的火花。

二、创新原理与创新过程是技术创新的方式和步骤

“工欲善其事，必先利其器。”要进行有效的创新，就要深知创新之理，熟谙创新之术。有了正确的原理指导、原则规范、方法手段和过程提示，创新活动就能如期进行，并取得好的效果。观察、分类、交流、测量、界定、价值识别、判断、行动，作为八个词，作为“做事的基本思维环节”的表述，它们之间有一些先后次序，但大多是并列的关系，而且相互联系。

（一）创新原理

有正确的原理指导，创新活动就有可能有序地开展。创新原理是在大量分析总结基础上，归纳出不同领域解决问题的规律性方法。总结概括为以下几种原理。

1. 综合原理

综合原理是在分析各个构成要素基本性质的基础上，综合其可取的部分，使综合后所形成的整体具有优化的特点和创新的特征。综合已有的不同科学原理，可以创造出新原理；综合已有的知识成果，可以发现新成果；综合已有的不同科学方法，可以创造出新方法；综合已有的不同技术，能够创造出新技术；综合各种艺术手法，能够创造出新的艺术手法。

2. 组合原理

创造的实质，最终可归结为信息的截断和再结合。把集中起来的信息分

散开，以新的观点再将其组合起来，就会产生新的事物与方法。从总体上来说，创造发明的结果是产生了世界上原先没有的东西。从其构成细节上来说，大多是利用世界上已有的两个或两个以上学说、技术、产品的一部分或全部进行适当的叠加和组合，用以形成新学说、新技术、新产品的创新原理。组合既可以是自然组合，也可以是人工组合。在自然界和人类社会中，组合现象是非常普遍的，有不同物体间的组合、不同材料间的组合、不同功能间的组合、不同技术间的组合、不同方法间的组合、技术原理与技术手段的组合、技术与产品的组合，等等。

案例分享

李浦曼（Pencil eraser head）是美国佛罗里达州的一位画家，他一度穷得除画具和一支短短的铅笔之外一无所有。由于绘画时需要用橡皮擦，往往要花很大工夫才能找到，待把画面擦好后又找不到铅笔了。他就想，如果把橡皮擦用丝线扎在铅笔的另一端上不就解决这个问题了吗？通过操作实验以后，他发现这种方法仅仅能够凑合使用，因为用不了太久，橡皮擦又从笔端掉落下来。几经思考，他终于想出了一个好办法。他剪下一块薄铁皮片，把橡皮擦绕在笔端再包起来，这样一来果然管用了。他申办了专利，将这项专利卖给 RABAR 铅笔公司，得到了 55 万美金。

有时候，两件东西组合在一起就是创新，可称为集成创新。集成创新，就是利用各种信息技术、管理技术与工具等，对各个创新要素和创新内容进行选择、集成和优化，形成优势互补的有机整体的动态创新过程。集成创新的目的是有效集成各种要素，在主动寻求最佳匹配要素的优化组合中产生“1+1>2”的集成效应。重要的突破通常来自各个领域知识的集合。

案例分享

金刚石和石墨的化学成分都是碳，都是由碳原子组成的，石墨和金刚石是同素异形体，美国一位科学家却在 5 万到 10 万个大气压和 1200 摄氏度至 2000 摄氏度的高温下，利用人工方法改变原子排列，使石墨变成了金刚石。碳原子之间不同的组合导致二者具有完全不同的性质：金刚石，俗称钻石，是自然界中最坚硬的物质，素有“硬度之王”和“宝石之王”的美称；而石墨是最软的物质之一，像我们常用的铅笔笔芯就是由石墨制作而成的。

苹果的乔布斯推出 iPod 时，市面上已经充斥着各种数字音乐播放器了，但他把 iPod 和 iTunes 捆绑在一起，使内容更易获取，也更符合音乐公司的利益。接着他又把 iPhone、iPad 等产品加入这个组合，创造了更多的组合和更多的价值。

3. 移植原理

移植原理就是把一个已知对象中的概念、原理、技术、方法、内容或部件等运用、渗透或迁移到另一个待研究的对象之中，从而使得研究对象产生新的突破而实现创造。移植原理是在各种理论和技术之间互相的转移。一是把已成熟的成果转移、应用到新的领域，用来解决新的问题。它是现有成果在新情境下的延伸、拓展和再创造。二是从研究问题出发，通过发散思维，找到现有成果，通过移植使问题得到解决。主要途径有原理移植、方法移植、思路移植、功能移植等。

4. 逆反原理

逆反原理首先要求人们敢于并善于打破头脑中常规思维模式的束缚，对已有的理论、技术、产品、方法持怀疑态度，从相反的思维方向思考、分析、探索新的发明创造，有目的地与传统思维方法“背道而驰”，往往能得到极好的创新成果。（1）原理逆反。将事物的基本原理，如机械的工作原理、事物发展变化的顺序等有意识地颠倒过来，往往会产生新的原理、新的方法、新的成果，从而实现创造。（2）属性逆反。有意地以与某一属性相反的属性去尝试取代已有的属性，即逆化已有的属性，从而进行创造活动。（3）方向逆反。完全颠倒已有事物的构成顺序、排列位置、安装方向、操纵方向、旋转方向以及完全颠倒处理问题的方法。（4）大小逆反。对于现有的事物或产品，即使是单纯地进行大小尺寸上的扩大或缩小，其结果常常也能导致其性能、用途等发生变化转移，从而实现某种程度上的创造。

案例分享

一家生产圆珠笔的企业，销路一直不好。原因是圆珠笔芯中的油还没有用完，笔芯上的圆珠就坏了。这是一个致命的质量问题，厂家做了很大的努力，找了许多专家对笔芯中的“圆珠”进行质量攻关，以求改进，但效果都不是十分理想。最后，这家企业的一名工人成功地解决了这个问题。办法很简单，他把笔杆截去一段，这样没等“圆珠”报废，笔芯中的油就已经用完了，十分可行。

现实生活中，常看到一些人钻入死胡同成了“憋死牛”。之所以如此的原因是他们往往顺着一条道走到黑，不撞南墙不回头。人受惯性思维的影响，得出来的判断是大同小异的。这种思维不是说它不对，但如果长期局限于这种思维去思考问题，会限制人的创新能力的发挥。换个思路天地宽。创新的源泉实际上就是突破自我、突破常规和思维定式，从思想上首先战胜自己。

5. 分离原理

分离原理是把某一创新对象进行科学的分解和离散，使主要问题从复杂现象中暴露出来，从而理清创造者的思路，便于抓住主要矛盾。分离原理在发明创新过程中，提倡将事物打破并分解，它鼓励人们在发明创造过程中，冲破事物原有面貌的限制，将研究对象予以分离，创造出全新的概念和全新的产品，如隐形眼镜是眼镜架和镜片分离后的新产品。

6. 还原原理

还原原理要求我们善于透过现象看本质，在创新过程中，能回到设计对象的起点，抓住问题的原点，将最主要的功能抽取出来，并集中精力研究其实现的手段和方法，以取得创新的最佳成果。任何发明和革新都有其唯一的创新原点。寻根溯源找到创新原点，再从创新原点出发去寻找各种解决问题的途径，用新的思想、新的技术、新的方法重新创造该事物，从本原上解决问题，这就是还原原理的精髓所在。

7. 换元原理

换元原理是指创造者在创新过程中采用替换或代换的思想或手法，使创新活动内容不断展开、研究不断深入的原理。或者寻找性能更好、价格更省的替代品；或者变换研究对象，将问题移至新对象的知识背景中去研究，从而使非标准型问题标准化、复杂问题简单化。

8. 迂回原理

创造中的迂回，就是另辟蹊径。在创造活动中受阻，必要时不妨暂且停止在该问题上的僵持，或转入下一步行动，或从事另外的活动，带着未知问题继续前进，或者试着改变一下观点，不在该问题上钻牛角尖，而注意下一个或另一个与该问题有关的侧面，待其他问题解决以后，该难题或许就迎刃而解了。

9. 强化原理

强化原理是指在创新活动中，通过各种强化手段，使创新对象提高质量、改善。强化可分为积极强化和消极强化，积极强化通过呈现刺激增强反应概率，消极强化通过中止不愉快条件来增强反应概率。强化还可划分为一级强化和二级强化。一级强化满足人的基本生理需要；二级强化是指任何一个中性刺激如果与一级强化反复联合，它就能获得自身的强化性质。

10. 完满原理

完满原理是“完满充分利用原理”的简称。凡是在理论上看来未被充分利用的物品和场合，都可以成为人们创造的目标，这是提出完满原理的主要依据。（1）整体完满充分利用分析。通过对一个事物或产品的整体利用进行分析，了解该事物或产品是否在时间上和空间上均被充分利用了。（2）部分完满充分利用分析。一个事物或产品的整体充分利用，是以其各个组成部分的充分利用为前提的，每一个事物或产品都可以按一定的层次分解为各个部分，人们可以在分解之后对其各个部分进行完满充分利用分析。只有在其各个部分的利用率大致相当的情况下，才能尽量保证整体被充分利用。

11. 群体原理

个人科学发展的趋势除了要具有良好的创造个性，还要有善于与人合作共事的群体精神。一个人如果与创造性人才经常在一起，那么他自己就会更富有创造性。利用人才“共生效应”，提高自己的创造能力，正是群体原理的具体应用。古往今来，许多优秀的创作成果都是真诚合作的结晶，有人做过统计：在诺贝尔奖设立后的 25 年中，因协作进行研究而获奖的人，占总数的 41%；在第二个 25 年里这一比例升到 65%；而现在则占 79%。

（二）创新过程

创新过程就是创新程序，观察、破疑、探索、尝试、行动、评估这几个阶段相互关联、相互促进，共同构成了产生创新成果的过程。评估创新的效果需要综合考虑创新过程中的各项指标，如需改进或进一步完善，也属于创新的必经过程。

1. 观察

观察是人类最基本的、普遍的行为。更详细的看法认为：观察是有目的、有计划、有方向、比较持久的知觉。它是以视觉为主，融和其他感觉于一体的综合感知，是知觉的一种高级形式。观察中包含积极的思维活动，因此，人们也把它称为思维的知觉。简单来讲，观察是观察者自觉地使用自己的眼、耳、鼻、手、脚、皮肤等感官或借助各种工具获取外界信息的行为。因此，观察是人们认识世界、获取知识的一个重要途径，也是科学研究的重要方法。

观察力或观察能力，是指能够迅速准确地看出对象和现象的那些典型的但并不很显著的特征和重要细节的能力，它是个人通过长期观察活动所形成的。观察力是智力结构的第一要素，是智力发展的基础。

创新活动是从发现和利用旧秩序内部的一些不协调现象开始的。旧秩序中的不协调既可存在于系统的内部，也可产生于对系统有影响的外部。从内部来讲，引发创新的不协调现象主要有：生产经营中遭遇的瓶颈、企业意外的成功和失败等。这就需要注意观察现场，因为岗位在现场，需要我们沉下心来踏踏实实工作；问题在现场，需要我们用敏锐的眼光找问题；答案在现场，需要我们用创新的思维求答案；价值在现场，需要我们通过努力来实现。不断发现岗位上的“问题点”，把“问题点”作为“改进点”，让“改进点”成为“创新点”。

案例分享

鲁班在百姓中有口皆碑，被视为智慧的化身，好像他掌握发明了宝葫芦似的，想要什么，就能发明什么。

鲁班，本姓公输，名般（“般”和“班”同音，古时通用）。因为他是鲁国人，所以人们常称他为鲁班。鲁班的祖先几代人都是工匠，生活贫苦，地位低贱。那时中国的生产工具落后，生产水平十分低下。一个做工的人拼命干活，也只能糊一个人的嘴。在这种情况下，公输家中的长辈和小辈、男人和女人常常组成“家庭工程队”，一起外出谋事，才能维持生计。

鲁班从小跟随“家庭工程队”走村串户，辗转于修房盖屋、修路架桥的工地上。大人们做什么，他就看什么，有时还帮忙递递工具。每当遇到工程任务重，工期紧张忙不过来时，鲁班还帮忙做些力所能及的小件活。日子一长，他看得多了，动手练习的机会也多了，再加上父母的悉心指点，鲁班也就掌握了一套做工的真本领。

有一次，鲁班在爬山的时候，不小心被一种小草的叶子割破了手。鲁班很纳闷，小小的一棵草怎么能割破手呢？他把草叶折下来仔细观察，发现草叶两边长着许多小细齿，原来是这些小细齿把他的手割破了。鲁班灵机一动：如果能仿照草叶制造一种工具，那割开木头就会省力多了！鲁班经过反复试验，终于发明了“锯”。这种工具直到今天依然被人们广泛应用。鲁班一生发明过很多工具，如木工用的刨子、打孔用器钻、曲尺等。他还发明了许多机械装置，如机关设在里面的锁、竹子做成的木鸟等。鲁班对科技进步的贡献巨大，他被人们称赞为能工巧匠的祖师爷，成为中国响当当的科技发明之父。

鲁班通过观察成了能工巧匠，发明了很多工具。他带给我们的启迪有以下几点：一是经常细心留意地观察，养成爱观察、爱思考的习惯，会有助于个人积累更多的经验；二是观察时要积极思考，多问几个为什么，并与别人交流看法，进行讨论；三是有目的地观察，在观察的基础上进行创新。

2. 破疑

常有所疑，是创新的开端。勇于破疑，是创新的动力。一个人如果能用疑惑的眼光观察周围的现象，就产生去破疑的动力。诚然，成功需要能力，但是“常有所疑、勇于破疑”则取决于我们的热情和勇气。

敏锐地观察到不协调现象的产生后，还要透过现象探究其原因，并据此分析和预测不协调现象的未来变化趋势，评估它们给组织带来的积极或消极的后果，并在此基础上，利用机会或将威胁转化为机会，例如采用头脑风暴或畅谈会等形式提出多种解决问题的方案、消除不协调现象、使系统在高层次实现平衡的创新构想。

案例分享

黑龙江省齐齐哈尔地质勘查院小柯勒河项目负责人孟凡波，黑龙江省劳动模范，螺旋岩心劈样机专利负责人、省地矿局“优秀地质成果奖项目的重大贡献者”。只要发现了异常定要探个究竟。小柯勒河项目最初的施工设计是找金多金属矿，这是孟凡波带的第一个重点项目，他异常关注。那是 2011 年 9 月，按照施工设计开工 20 多天后，槽探工作量已完成三分之二时，仍未有任何发现，找矿工作陷入了困境，大家的情绪都很低落，项目组一致认为应先停止施工，避免浪费工作量，甚至有人提出项目结题。

“小柯勒河项目是我带的第一个项目，作为项目负责人，因为还有未被验证的异常，我坚决不肯放弃。”随即孟凡波找来了所有的物化异常图件进行研究，经过三天的反复研究，他萌生了一个大胆的设想，会不会是因为铜矿体位于较深部位，上部的覆盖层较厚，所以阻碍了它向上扩散？是不是可以转变思路再试一次呢？

当他把这个设想和项目组成员说了之后，大家都很兴奋，说干就干。9 个人齐心协力，凭着对找矿的执着和热情，终于在探槽加深 5 米多后，寻找斑岩型矿床的设想得到了验证，找矿希望重新燃起。

施工设计也从金银矿种转为铜钼矿种，开始正式寻找斑岩型铜钼矿。功夫不负有心人，在施工至 644.7 米时，大家发现了近百米的铜钼矿体。这就是找矿突破的“第一桶金”！在接下来的几年里，小柯勒河项目进入了快速找矿期。在发现了百余条厚大的铜钼矿体后，小柯勒河项目有了重大的找矿突破。至此，一个中型斑岩铜钼矿床初见规模。

小柯勒河铜钼矿床的发现，对确立大兴安岭地区斑岩型矿床的成矿模式和找矿思路具有重大意义，为大兴安岭地区矿业经济发展打下了坚实的基础。

2016 年小柯勒河项目南北两区合并勘查后，每年的钻探任务超过一万米，导致劈样工作时间紧、任务重。孟凡波的团队用的液压劈样机，千斤顶在反复使用中损耗很大，而且岩石碎屑很容易落进下面的千斤顶中，用不了几天就会出现故障，严重影响了工作效率。即使多配千斤顶和劈刀也无济于事。于是，孟凡波萌生了一个设备更新改造的想法。原来 3 个人 10 天才能完成的工作量，现在 2 个人 3 天就能完成。这项发明从根本上解决了液压劈样机工作效率低、操作不便的难题。不仅效率比以往提高了两至三倍，也节省了大量的人工成本。这台螺旋劈样机在 2018 年获得了国家实用新型专利。

（摘自中工网 2024 年 1 月 28 日）

3. 探索

探索是指研究未知事物的精神，或指对事物进行搜查的行为，或指多方寻求答案的过程。它包括对背景知识、信息、问题等进行广泛的收集和研究，并确定自身的主要方向，它是构建一个新事物的基础，是创新处理问题的前提条件，也是催生创意的源泉。在探索的基础上分析研究的结果，建立新思维模式，并找出有效解决问题的方法和走向。把某事物分解成较简单的组成部分进行研究，找出这些部分的本质属性和彼此间的关系：可行性分析。

4. 尝试

勇于尝试是成功的必由之路。尝试时时处处都发生着，没有人一生都是一帆风顺的，只有勇于尝试，才能获得成功。自古成功在尝试，成功往往偏爱那些勇于尝试、勇于迈出第一步的人。

法国探险家保罗·埃米耶·维克多说：“唯一注定失败的事，就是不去尝试的事。”没有梦想，不去尝试，再好的条件也会蒙尘，再高的能力也会消散，最终只会碌碌无为。

不行不至，不为不成。只有实践，才出真知。不经一事，不长一智。试一试，才知水的深浅。行与不行，不要妄下定论，也不要被书本权威所吓倒。再好的创意，不经过实践，只是空想。在试一试中，检验其可行性，完善其可行性。在许多情况下，不是你没有力量，而是你没有去实践。因为怕失望，所以拒绝开始，没有把一件事做好、做到最后的勇气，这种对失望的恐惧，终会导致失败。

案例分享

美国康奈尔大学著名教授威克做过一个有趣的实验。首先，他把一只瓶子平放在桌上，瓶的底部向着有光亮的一方，瓶口敞开，然后放进几只蜜蜂。只见蜜蜂在瓶子内朝着有光亮的地方飞去，结果当然只能撞在瓶壁上。经过几次飞行后，蜜蜂终于发现自己永远也无法从瓶底飞出来，它们只好奄奄一息地停在有光亮的瓶底处。接着威克教授把蜜蜂倒出，仍然将瓶子按原先的样子摆好，再放进几只苍蝇。没过多久，苍蝇一只不剩地全部从瓶口飞了出来，或向下，或背光，或向光，一旦碰壁发现此路不通，便立即改变方向，最后终于找到瓶口飞了出来。

在这个实验中，苍蝇和蜜蜂的命运截然不同。其中的原因不复杂：苍蝇靠不懈的努力在碰壁后总结教训，最终找到出路；而蜜蜂却一条道走到黑，即使面对无法逾越的瓶底也不回头，自然只能陷于困境。于是威克教授得出这样一个结论：与其坐以待毙，不如横冲直撞，因为后者的做法比前者聪明且有用得多。事实上，成功者遭受的失败或者犯的错误并不见得比一般人少，只不过他们勇于尝试，善于改变，直到成功。尽己所能努力去做，试试自己的胆识，也许自己的意见就是与众不同，但是能得到意外惊喜。

在创新中，遇到看似不可思议的东西，只要调整一下思维方式，换一个思考角度，跳出习惯的思想怪圈，就可能得到出乎意料的答案，使不可能变为有可能。只要付出了不寻常的努力，就有可能获得不寻常的成功。事实上，成功者遭受的失败或者犯的错误并不见得比一般人少。只不过他们勇于尝试，善于改变，打破僵化，无拘无束，直到心想事成。

5. 行动

实施创新成功的秘密主要在于迅速行动。“事不行则不至”，唯有行动起来，才能走向成功。提出的构想可能不够完善，但这种并非十全十美的构想必须立即付诸行动才有意义。因为没有行动的思想就会自生自灭，所以要根据规划制订的方案，并采用有效的手段去解决问题。创新的构思只有在不断的尝试中才能逐渐完善。构想经过实践才能成熟，而实践是有风险的。

6. 评估

创新的动力是需要，创新的目的是应用。当创新过程结束后，对实施的结果作出评估。从可操作性和可用性的角度对结果进行系统的考核，校正错误信息，提高创新结果的完善度。在对创新技术的先进性、可行性、连续性，创新产生的经济效果，创新带来的社会效果及创新风险性等四个方面的内容进行逐个分析后，再做综合评估。

“一举命中”的概率微乎其微，所以创新者决不能半途而废。人类迄今为止，还未曾有一项重大的成就不是凭借坚持不懈的精神而实现的。

本节小结

创新的本质是突破。思维是创新的主导，是方法的灵魂，是立志创新的职工应该时时修炼的“内功”。只有以现有的思维模式提出有别于常规或常人思路的见解，利用现有的知识和物质，在特定的环境中，本着理想化的需要或为满足社会需求，而改进或创造新的事物、方法、元素、路径、环境，并能获得一定有益的效果。

创新能力是人的一种潜能，是人人都具有的一种能力，而且这种能力可以经过一定的学习和实践得到激发和提升。创新能力源于创新思维，如果一个人有着很强的创新思维能力，那么这个人就有了达到成功的最有力的保证。有了创新思维，还要有正确原理指导的创新技法，这样才能有序地开展创新。

第二节　企业是技术创新的前沿阵地

一、企业技术创新内涵、意义和作用

让企业成为创新主体，是建设创新型国家的重要目标。企业的技术创新力不单纯是企业自身的问题，也是关系整个国家参与全球化竞争的实力或“筹码”的问题；中国要想在国际竞争中迅速提升国家竞争力，必须有一大批拥有自主知识产权和核心技术的企业，而做到这一点的前提，就是要确立企业在技术创新中的主体地位。

企业往往由生产、采购、营销、服务、技术研发、财务、人力资源管理等职能部门组成，因而企业的创新涵盖这些职能部门。创新作为一种基本的企业行为，其具体的表现形式是多种多样的，涉及企业活动的所有方面，包括技术创新、产品创新、市场创新、职能创新、环境创新，等等。

企业竞争力正逐步由土地、厂房、设备、资金等有形资产向以知识产权为主要内容的无形资产过渡。这已成为企业竞争力的新标志。一个企业的核心竞争力是一种力量，是能使企业在竞争环境下持续产生强大获利能力的一种机制、一种文化、一种能力。一个企业的核心竞争力分为资源型、技术和产品、产业模式、品牌文化四个层次。一个企业一定是要有自己的核心技术，它是在一段时间内能抗衡竞争对手的技术。

技术创新是以创造新技术为目的的创新或以科学技术知识及其创造的资

源为基础的创新，指采用新的生产方法或新的原料生产产品，以达到保证质量、降低成本、保护环境或使生产过程更加安全和省力。技术创新建立在发现科学道理的基础之上，而产业创新主要建立在技术创新的基础之上。

技术创新可在四个层面上实现：第一，工艺路线的革新，侧重于活动的过程；第二，材料替代和重组；第三，工艺装备的革新；第四，操作方法的革新，用更省力、更高效的操作方法。其成果渗透于劳动者、劳动资料和劳动对象之中，渗透在各种生产力要素的结合方式上。

产品创新是技术创新的具体表现，是技术创新的最终结果。产品创新原则是将眼光放在顾客的需求上，并把这种需求快速而低成本地用技术实现，产品创新就是研究开发和生产出能更好地满足顾客需要的产品，使其性能更好，外观更美，使用更便捷、更安全，总费用更低，更符合环境保护的要求。产品创新可在三个层面上实现：一是开发出具有新功能的产品；二是改进产品的结构，例如，使产品轻、巧、小、薄，携带和使用方便，节省材料、降低能耗；三是改进产品外观。

企业只有通过技术和产品创新，使所生产的产品不断更新换代，满足不断变化的市场需求，才能在竞争中获胜。从这个角度来说，技术创新是企业发展的必要手段，产品创新是企业发展的落脚点。而技术创新又是产品创新的核心前提，没有技术创新，就没有产品的更新。管理创新、技术创新等最后都以产品创新为载体进入市场，接受检验。企业的各种创新都以满足市场需求为目的，企业创新的最终效果如何，必须由市场这把唯一的标尺来检验。因此，市场创新是企业创新的归宿。要求他们善于抓住瞬息万变的市场信息，分析和把握市场走向、拓展市场空间、创新营销策略、掌握市场创新的基本方法和手段，从而把市场做大做强。

二、"人工智能 +"给企业技术创新带来新课题

人工智能在企业界的广泛应用引起了管理者越来越广泛的关注。无论是从提高效率、优化决策，还是从创新产品、改善用户体验等方面来看，人工智能都展现出了无限的巨大潜力。

（一）人工智能流程管理

1. 在项目管理方面，人工智能能够帮助企业管理项目进度、资源和风险，从而提高项目的成功率。可以根据项目需求，自动分配资源、制订实施计划并跟踪进度，及时发现和解决潜在风险，确保项目按时、按质量完成。

2. 在优化生产流程方面，人工智能可以应用于智能制造系统，实现生产线的自动化和智能化。用机器人和自动化设备替代人工操作，可以减少人为因素导致的生产延误和错误，提高生产速度和准确性；可以对生产数据进行实时分析和优化，发现生产过程中的瓶颈和问题，及时调整生产计划和资源配置，确保生产顺利进行。通过机器学习算法和自然语言处理技术，可以开发智能客服系统，实现自动化回答常见问题、处理投诉和建议。通过提高生产效率、降低人力成本、优化供应链管理等途径，人工智能技术可以帮助企业实现生产成本的显著降低。

3. 在数据处理方面，人工智能可以自动进行数据清洗、统计分析和可视化报告生成，从而极大提高工作效率和数据的精准度。如在财务分析领域，人工智能能自动分析公司财务状况、识别潜在风险和提出预警，更好地辅助决策。

4. 在人力资源管理运用方面，人工智能可以通过自动化和智能化技术，筛选简历、智能面试和在线培训等，提高招聘效率和培训效果；提高职工效率和满意度，降低职工流失率和人力成本，助力企业高效招聘和人才管理。

5. 在数据分析和预测技术方面，通过实时分析市场价格波动和供应商信

息，为企业制订更加科学合理的采购策略，降低采购成本；可以应用于库存管理领域，通过实时监测库存量和销售数据，预测未来需求变化，避免库存积压和浪费；通过智能调度和优化配送路线等方式，提高运输效率和准确性，降低运输成本。

6. 在市场营销和销售预测方面，人工智能能够准确预测市场趋势和消费者行为，从而制订更有效的市场营销策略和销售计划；能自动发送定制化邮件、实时追踪客户反馈和精准定位目标群体，提高营销效果和客户满意度。

7. 在客户服务方面，人工智能能自动应答常见问题、转接至人工客服和语音识别客户需求，提高客户满意度和服务质量。根据客户的喜好和购买历史打造智能推荐系统，提高购物体验和客户满意度。

8. 在办公文档编写方面，人工智能可以根据预设模板自动生成各类合同、报告和文件，提高办公效率。

这些自动化流程不仅节约了企业的时间、降低了人力成本，而且提高了工作效率和准确性，为企业带来了巨大的商业价值，为企业的稳定发展提供了有力支撑。

案例分享

一座千万吨级的选煤厂通过智能化升级，用“工位”替代了“岗位”，让传统选煤女工变“白领”。在淮河能源控股集团潘集选煤厂安全生产指挥中心，沈娟娟坐在电脑前，两排10多米长的弧形工位，工位上30多台电脑、10多台电话有序排开。“数字化”十足的工位前，正对着的是一块铺满整面墙壁的大屏幕，显示的正是从原煤入洗到产品装车全流程的监控画面。

沈娟娟是潘集选煤厂里的一名选煤女工。选煤是煤炭从生产到利用过程中非常重要的一环。在这个环节，原煤通过重介、浮选等工艺，洗去灰分、硫分等杂质，从而成为商品煤。

作为亚洲单体最大的中央型炼焦煤选煤厂，潘集选煤厂年入洗能力为1200万吨。沈娟娟的岗位是重介质分选工，这原本是一个很难与“白领”相关的岗位，但是工作已23年的她正在用自身的经历表明：再也不要用“老眼光”来看待这个岗位了。

是什么导致这些变化的出现？其实就是数智赋能。近年来，淮河能源控股集团在旗下厂矿深推信息化、智能化建设，坚持以机械化替代劳动、自动化替代岗位、可视化替代监管、信息化替代跑腿，职工的工作模式发生了深刻变革。现在只用380人就能“玩转”这座千万吨级的选煤厂，用工数仅为常规选煤厂的一半。特别是在2023年9月，沈娟娟所在的选煤厂通过智能化升级，实现了重介、浮选等系统的集中控制，实现了“工位”替代“岗位”。

什么是“工位”替代“岗位”？就是日常工作从车间来回走动巡检变成了在电脑屏幕前监测监控。“工位”替代“岗位”，带来的变化不光是从“来回走”到“坐下来”，还有工作时间。现在他们的工作模式已经由原先的“四班两运转”变成“五班三运转”。以前是4个班组分两拨轮流排白班夜班，现在在人数不变的情况下增加一个班组，一个月内每班组都能少上3个班。

“工位”替代“岗位”后，产品的质量反而更好了，外销产品灰分合格率从原先的97%～98%，提升至99.54%。当前，数智赋能的进程还在继续。

（摘自中工网2024年3月17日）

（二）数据分析与挖掘

人工智能在数据分析与挖掘方面的应用，为企业提供了更加全面、准确的市场数据支持。通过大数据分析技术，人工智能能够帮助企业挖掘潜在商机、预测市场趋势、优化产品设计和提高服务质量。例如，电商企业可以利用人工智能技术分析用户行为数据，从而精准推荐相关产品、提高客户满意度；制造企业可以通过人工智能数据分析，优化生产流程、降低成本和提高产品质量。

（三）供应链优化

人工智能的应用可以帮助企业实现供应链的优化管理。通过数据分析和预测，能够为企业提供更加准确的需求预测和库存计划，从而提升物流效率、减少库存成本。以零售企业为例，通过人工智能技术对销售数据进行挖掘和分析，能够预测未来的销售趋势，从而合理安排进货计划和库存管理，避免了库存积压和缺货现象。

（四）网络安全

人工智能在网络安全方面的应用，为企业提供了更加高效、精准的防护手段。通过智能威胁检测、行为分析和自动响应等技术，人工智能能够实时监测和分析网络流量、识别潜在的安全威胁，并采取相应的防护措施。能够保护企业的信息安全，有助于提高企业的整体竞争力。

案例分享

2024 年 3 月 1 日，2023 年“大国工匠年度人物”揭晓，38 岁的彭菲位列其中。她是汉王科技股份有限公司研发中心算法工程师、研发经理。她还先后获得过首都劳动奖章、全国五一劳动奖章等多项荣誉。2010 年，彭菲从清华大学获得硕士学位后，来到汉王科技，成为一名算法工程师。14 年来，彭菲先后从事人脸识别、生物特征识别、智能视频分析、多模态大模型等多项人工智能算法的研发和创新工作，先后获发明专利授权 17 项，涉及公安、教育、建筑、安防等多个领域，创造了近 10 亿元的经济效益。

汉王科技是国内最早进行机器视觉研究的企业之一，其中人脸识别技术是其重要研究方向。大家常见的上下班考勤、安防卡口、酒店入住等众多场合，都不乏人脸识别技术应用的场景。

彭菲进入公司后接到的第一个任务，就是对红外人脸识别产品进行升级。

随后，彭菲查阅大量资料、论文，修改算法，试验、改进、再试验、再改进，将原有算法提速了 10 倍左右。现在，搭载该算法的人脸识别产品不仅服务国内市场，还销往全球 50 多个国家和地区，被广泛使用。

随着汉王科技的研究重点逐渐从红外人脸识别转向可见光人脸识别，彭菲的工作重心也随之转移。“可见光识别受场地局限更小，应用场景也更广泛。”那段时间，彭菲通过模拟增加或去掉不同光照类型的方式，反复调整算法，实现了识别准确率和速度的双重提升。这项研究获得北京市科学技术进步奖二等奖。

2013 年至今，除了人脸识别，彭菲还主导或参与了手掌静脉识别、指静脉识别、虹膜识别、步态识别等生物特征识别技术的研发。

“手掌静脉进行身份识别具有多项优点，手掌静脉是手掌活体时才存在的特征，无法造假，可采用非接触式识别方式等。但是，目前市面上手掌静脉识别的产品相对较少，主要在于技术难度大。”彭菲如数家珍。

2019 年至今，彭菲带领算法团队逐步攻关手掌静脉识别算法技术问题。“目前的手掌静脉识别算法大都基于人工设计的特征进行识别，对图像质量以及手掌姿态等较为敏感。而且，部分手掌静脉采用接触式设备采集，引入了卫生问题，降低了用户体验。”彭菲说，“非接触方式采集的掌静脉往往具有较大的形变，识别难度更高。”

针对上述问题，彭菲团队重点研究手掌定位、手掌静脉特征提取、手掌活体等技术问题。通过不断改进，有效提升了手掌关键点的定位精度，很好地解决了这些问题。

2018 年至今，彭菲还负责智能视频分析算法的研发和配合产品化，主要承担整体算法的方案设计和流程设计。目前，已开发出人车结构化、烟火检测、人群聚集、异常行为检测等几十种算法功能，嵌入汉王智能视频分析平台。

“视频分析项目上线前，在实验室里测试算法效果挺好，比如烟火检测，火焰照片一检测一个准。然而，该项目在输油、输气管道上方进行监控时，只要出现一团火烧云或团雾，就可能引发报警。我们紧急分析这些之前未曾预料的场景，完善算法，让该项目在实际场景中接受检验，发挥出实战能力。”彭菲自豪地说，“目前，视频分析平台已经在全国范围实时对几千公里的野外输油、输气管线提供24小时不间断的智能化保障工作，每年能有效阻止几十起威胁管道安全、城市安全的安全事件。”

眼中有星辰，脚下有实地。“随着生成式人工智能的飞速发展，人工智能技术又迎来了一次技术腾飞。相信在未来，人工智能会有更多大展拳脚的地方。”彭菲对未来充满信心。

（摘自中工网2024年3月14日）

（五）创新应用

人工智能技术不断催生创新应用。在电商领域，可以通过智能推荐系统根据用户的兴趣爱好和购买行为推荐商品，提高转化率和用户满意度。在教育行业，可以通过智能辅导系统为职工提供个性化的学习计划、作业批改和问题解答，提高教育质量和效果。在医疗领域，可辅助医生进行疾病诊断和治疗方案制订，提高医疗水平和准确率。这些创新应用不仅改善了人们的生活品质，而且为各行各业带来了新的发展机遇和商业价值。

（六）视频内容审核

人工审核已无法满足企业对视频内容安全的需求。通过智能识别和审核技术，可以快速准确地审核视频内容，帮助企业有效地过滤掉不良或违法内容，提高内容审核的效率和准确性。可以减轻人工审核的负担，大大缩短审核时间，提高审核效率。还可以通过数据分析和机器学习技术，不断完善审核算法，提高审核的准确性。为企业提供更加可靠的视频内容审核服务。

（七）人事管理

通过自动化和智能化的人事管理流程，人工智能可以协助企业管理职工信息、招聘以及评估职工绩效等任务。与传统的人事管理方式相比，人工智能技术不仅提高了人事管理的效率，而且在很大程度上降低了误差，确保了数据的准确性。

（八）职工教育培训

人工智能技术可以为企业提供更高效的培训和人才培养支持。通过在线教育平台和虚拟现实技术，企业可以为学生提供更加便捷、灵活、高效的培训和人才培养支持。例如，在线教育平台可以利用AI技术根据学生的学习情况、成绩和反馈等因素，调整教学计划和方法，提高学生的学习效果和成绩，同时也可以为企业提供更加全面、精准的人才培养支持。

企业能够因此更快速、准确地了解职工的整体情况，为后续的人事决策提供强大的支持。职工排班优化。人工智能在职工的排班优化上表现得也尤为出色。通过综合考虑职工的可用性、客户流量、职工的技能和偏好等多种因素，人工智能能够帮助企业实现最优化的排班。

人工智能通常在重复性和机械性的工作中表现出色，可以执行大量烦琐的任务，提高效率和减少错误。人工智能的应用也可以延伸到产品中，以增强产品安全性并保护使用者。尽管人工智能在企业具有巨大潜力。要认识到人工智能的发展受益于多方面的因素，如计算能力的提升、数据量的增加、算法的改进等。企业运用人工智能也面临着一些挑战。一是人工智能系统的运行可能依赖于大量的数据和资源，如果缺少这些条件，系统可能会失效。企业需要建立完善的数据收集和处理机制。二是人工智能技术的引入可能会对传统工作岗位产生影响，企业需要做好职工培训和职业发展规划工作。三是人工智能技术的安全性和隐私保护问题也需要引起企业的重视。

人工智能时代到来了，人工智能的广泛运用，在社会中，在企业里，人工智能随处可见。但人工智能也不是万能的，它需要不断地学习和改进，也需要我们的理解和支持。同时，由于新技术，人工智能会带来“技术性失业”，对职工来说，你是否会被人工智能取代，你的工作会发生哪些变化，你所处行业和所从事的工作将面临哪些潜在的机遇和威胁？只有尽早了解人工智能的变革本质，认清人工智能对职业冲击的规律，我们才能提前制订一套跟上时代的职业规划方案，才能充分发挥人工智能技术的优势，为企业创造更大的价值。

三、充分发挥企业技术创新的优势

企业的最终目的是追求经济利益，科技创新往往会增强其市场竞争力，给企业带来极大的利润。因此，经济利益驱使企业进行科技创新，成为企业进行科技创新最主要的内在动力。这些企业内部往往形成一种对创新不懈追求的企业文化，成为企业进行技术创新的动力。

企业处在市场中，是产品的开发者，最知道市场需要什么，要用什么样的技术开发和改进产品，满足消费者的需要。企业身在产业中，是生产的组织者，最知道急需什么技术来提高效率，降低成本，增加效益，增强企业的市场竞争力。企业身在实践中，是技术的应用者，最知道如何把技术应用到生产中去，把技术化作现实生产力。离开了创新，企业生产就无法持续，企业就无法满足市场需要，企业市场竞争力就无法提高。企业拥有足够的推动创新的资本，拥有较强有效转化为现实生产力的能力和条件。就企业发展的趋势而言，企业存在创新的内生性要求。要形成良好的创新环境和创新活跃的氛围。激励、引导企业职工焕发出高昂的创新积极性，鼓励试验，允许失败，尊重创新愿望，发挥创新才能，肯定创新成果，不断掀起广泛的小改小革和创造发明活动的新高潮，激发广大职工的创造性。

企业的技术创新是一种经济行为，而获取利润既是企业的生存之本，也是企业发展的内在动力。只有在技术创新能为企业带来利润的前提下，企业才愿意投入人力、财力、物力去技术创新。

企业技术创新源于岗位实践活动和技能人才的创新力。技能人才进行技术创新，不仅需要具有技术条件和技术创新能力，还必须有技术创新的环境，其中包括企业的技术创新文化建设和创新制度保障。

本节小结

企业直接参与市场竞争，对新技术、新产品最敏感。建立产学研相结合的技术创新体系，要坚持以“产”为主导，即以企业为主导。可以说，企业的创新能力，在很大程度上决定我国经济和产业格局的发展前景。

企业的创新是国家创新体系的基础。企业是创新的主体。人人是创造之人。每个职工都是一个创新的“能量球”，每个人都可以提创新创意的方法。

第三节 职工是企业技术创新的主力军

让企业成为技术创新的主体，首先要让企业中的每个职工都能成为技术创新的主人翁。企业中技术研发机构创新和一线职工岗位创新是创新的两个方面军，相辅相成，优势互补，缺一不可。

一、工作岗位是职工创新的主阵地

我国现代教育家陶行知先生于 1943 年 10 月 13 日为《育才学校手册》撰写了有名的“创造宣言”。其观点是：处处是创造之地，天天是创造之时，人人是创造之人。作者充满热情地说：“只要有一滴汗，一滴血，一滴热情，便是创造之神爱住的行宫，就能开创造之花，结创造之果，繁殖创造之森林。”陶行知着重启发青年人，去掉在科学创造方面的妄自菲薄、无所作为的五大思想障碍：环境平凡、生活单调、年龄幼小、能力薄弱、困难当道。

孟子说：“人皆可以为尧舜。”别人是人，我也是人，别人能行，我也能行。人人都可以创新，这是因为创新并不神秘，很多非凡创新的思路往往源自凡人、凡事、凡物；创新并不神奇，“原创”尽管凤毛麟角，但是“改进”与“运用”则人人皆可为之；创新是一种精神，反叛、破坏、探索、求异、冒尖、冒险、责任、奉献、执着、无畏、互助、牺牲等。

职工是企业的主体，也是增强企业自主创新能力、建设创新型企业的主力军。能否充分尊重和充分发挥职工在企业创新中的作用，是衡量一个企业是否有活力、是否具有竞争力、是否具有创造力的重要标志。企业在进行创新活动的过程中，不仅要靠科技工作者的研究探索，更要依靠广大职工在本职岗位上的创新，充分尊重和发挥广大职工在提升企业自主创新能力、推动创新发展中的主力军作用。只有这样，才能在企业中形成创新合力，使企业保持活力、居于先进、持续发展。

一些职工认为创新是科技人员的事，与个体关系不大，个体做好本职工作就可以了，搞不搞创新无所谓。针对职工中存在与己无关的漠然心理，企业要有针对性地开展创新教育，解决认识和观念上的问题，使广大职工认识到，创新时时可为、处处可为，努力钻研先进生产技术，提高劳动生产技能，努力使自己成为适应现代化建设需要的有理想、高素质、掌握先进技术的新型职工。也要改变以往只有科技攻关才是创新的观念，鼓励职工的创新活动从小入手，由小到大，以提高他们创新的积极性和创造性。

科技创新是一个系统工程，在实施过程中仅依靠少数科学技术人才、科技专家是远远不够的。只有让广大一线职工参与，科技创新才能有强大的力量和持久的生命力。普通职工与科技专家相比，专业理论知识要薄弱一些，但他们长期处于生产第一线，具有丰富的实践经验，针对出现的各类问题，能对症下药，产生“立竿见影”的效果。专家创新与职工创新相结合，将提高科技创新的广度。大力倡导岗位创新，号召全社会向岗位创新的工匠劳模典范学习，这是发展的需要，是时代的需要，是工人阶级先进性光芒的智慧表达。

岗位创新是最有价值和意义的创新。职工在工作岗位上的实践活动是创新的源泉。岗位创新就是在本职岗位上经常性地、富有创造性地开展工作，提高质量和效率。岗位创新就是不断总结，不断提出新问题、解决新问题的过程。实践告诉我们，岗位创新、“蓝领创新”已成为一种企业文化和一种企业核心竞争力。许多企业以岗位责任制为基础，形成合理化建议、自主管理、职工创新小组等多层次的创新体系，形成了由个人到团队、由低端到高端的创新格局。

技术创新，在很多人看来是专家、技术人员的“专利”。殊不知工人长期在一线工作，对生产的过程环节、操作细节，都了如指掌，有丰富的经验，如同偏方也能治大病一样，能够解决生产实践中存在的大问题，而这些问题恰恰是专业技术人员难以发现和顾及的。许多一线工人劳模的实践有力地证明了这一点。历览所有人生出彩的一线工人劳模，我们不仅能从中读到中国产业工人特有的吃苦耐劳、无私无畏的品质，更能读到他们岗位创新的精神。他们的智慧，源于实践，源于岗位。很多普通职工一样可以创造出令人瞩目的新技术。同时，一线工人将科学家的实验成果、工程师设计的图纸变成现实的产品，同样是一个再创造的过程。专业技术人员和一线技术工人这两支队伍互相倚重、互相促进，同等重要。

创新，不分你我，一线工人只要爱岗位、肯钻研、肯学习、有毅力、肯付出，耐得住寂寞、经得起失败，能够立足岗位，同样可以获得成功。学到的知识只有应用于生产现场才能体现价值。只有不断创新才能成功。创新是一种灵感、一种悟性。只有不断学习，在工作中细心观察、分析思考，积累经验，才能丰富灵感，培养悟性，创新的点子才会层出不穷。许多劳模立足岗位不断创新，把创新的精神转化为创造的动力。

案例分享

自 2006 年国家科技进步奖首次设立工人农民技术创新类评审组以来，截至 2024 年，经由全国总工会推荐荣获国家科技进步二等奖的技术工人已达 21 名，分别为王洪军、杨建华、代旭升、赵林源、王康健、许杏桃、李斌、郭晋龙、高森、田明、王进、白伟东、朱洪斌、黄金娟、洪家光、罗昭强、王曙群、何光华、潘从明、李鸿、高凤林。一线技工相继获得国家科技大奖，这充分说明，英雄不问出处，科技人才不只出自实验室和科研机构，生产车间一线的工人，只要自己肯努力，也是创新能手，同样可以创造出实用的好技术、好产品，甚至能走向科技创新的巅峰。

值得一提的是，一线工人的技术创新成果不仅技术含量高，而且实用性很强，推广应用后经济效益和社会效益显著。比如，以李斌申报的“高压轴向柱塞泵 / 马达国产化关键技术”为例，高压轴向柱塞泵 / 马达是液压系统的重要元件，这一技术投入应用后，实现了高端液压元件的国产化，可使国产同质产品价格比进口产品降低近 2/3。又比如，高森申报的“架空线路清障检测机器人”项目，具有带电作业、自动跨越障碍物、强电磁场下抗干扰性能和巡视清除异物功能 4 个技术创新点，解决了长期以来超高压线路需要停电清理异物的难题，填补了机器人强电场环境作业等国内多项技术空白，把工人从繁重、危险的高电压环境中解放出来。如今，这位特殊“电工”已在清除高空异物等诸多工作中发挥作用。据测算，它每年可为企业节约生产费用 7200 多万元；这一项目在山东电网主网范围内全面推广后，仅两年时间就节约电量 1.7 亿千瓦时。再如，李鸿扎根隧道事业 38 载，建成了包括国内第一条超大直径盾构穿越长江隧道在内的华南、华东、华中等地区 11 项超大直径盾构法隧道工程，成为该领域的技能型首席领军人才，为国产盾构推向全国、走向国际市场作出了极其重要的贡献。他申报的《超大直径盾构掘进新技术及应用》，针对隧道复合地层掘进施工迫切需要解决的掘进效率低、稳定控制难和环境影响大等三大业界公认的国际性技术难题，自主开发了“去泥饼”“控沉降”和“防污染”三大掘进施工新技术，突破了在世界范围内软硬不均复合地层建设超大直径盾构隧道的技术瓶颈，实现了在饱和软土地层变形从厘米级到毫米级的跨越，在国际上首次完成了工程泥浆及渣土生态化利用。该项目总体达到国际领先水平，项目成果已经应用在全国 10 条超大直径盾构法隧道工程，取得了显著的经济效益与社会效益。

2023年12月，上海航天设备制造总厂有限公司对接机构总装组组长王曙群荣获何梁何利基金“科学与技术创新奖”，成为首位获此荣誉的一线产业工人。2024年1月29日，上海市总工会发出《关于开展向大国工匠王曙群同志学习的通知》，并举行了先进事迹报告会。从事航天工作30多年，王曙群从普通的技术工人到全国劳模再到获得何梁何利基金奖的高技能人才，始终坚守在航天装配一线，把工匠精神植根于心、付之于行。

（摘自《工会信息》2024年第3期）

“科技创新并不只是科学家的事情，技术工人只要精益求精，敢为人先，也一样能成为我们科技强国的重要力量。”王曙群的这番感言朴实且坚定，是真挚的心声，更是有力的号召。“大国工匠”王曙群是新时代产业工人中一颗闪耀的星。大国工匠，不仅是一种时代称谓，这是一个人的奋斗故事，是一群人的模范榜样，更是一个社会进步的发展动力。

技可进乎道，艺可通乎神。每一名工人都应该去不断锤炼自己！这是一个崇尚并需要更多“大国工匠”的时代。推动高质量发展，大国工匠、高技能人才是生力军；创新创业，工匠精神是重要精神源泉。技能成才、技能报国之路，应该有也必定有更多的坚定前行者。

对技艺高超、业绩突出的一线职工，又有利好政策。人社部、国家发改委、教育部、科技部、财政部、国资委、全国总工会七部门印发《关于实施高技能领军人才培育计划的通知》（人社部发〔2024〕29号）提出，畅通晋升成长通道，对技艺高超、业绩突出的一线职工，进一步打破学历、资历、年龄、比例等限制，可直接认定高级工以上职业技能等级。对解决重大工艺技术难题和重大质量问题、技术创新成果获得省部级以上奖项的高技能人才，可破格晋升职业技能等级。同时，提高待遇水平。对在技术革新或技术攻关中作出突出贡献的领军人才，企业可从成果转化所得收益中以奖金、股权等多种形式给予奖励。鼓励企业对关键技术岗位领军人才实行年薪制、协议工资制、项目工资制。国有企业可在工资总额内对领军人才予以适当倾斜，结合实际实行特岗特酬。

这些政策的落实，将充分激发职工创新创造热情，致力攻克关键核心技术难题，助力打造原创技术策源地、关键核心技术集群，推动实现产业链高水平科技自立自强。

二、职工进行技术创新的途径

创新是当前社会发展的不竭动力，创新体现在每个岗位上、每个细节中。一线工人创新，可追溯到20世纪50年代，很多全国劳动模范都是从班组起步，一步步成长起来的，是立足岗位、刻苦学习、勤于钻研、致力创新的典范。一线工人具有自己所固有的成功条件。要善于抓住问题，抓住创新的根本。一线工人创新的空间最大，创新的机会最多，创新的方式也多，为保障一线工人进行创新，创新出更多更好的成果，除了不断提高广大工人的素质能力，还必须健全机制、创造环境。

（一）为提高工作效率而创新作业法

工作效率是评定工作能力的重要指标。提高工作效率就是要求正效率值不断增大。许多劳模通过创新作业法，大幅度地提高了工作效率。

案例分享

郝建秀，她13岁进厂当工人，不到16岁摸索出改进整个纺织业技术的“细纱工作法”，1951年，该工作法在全国推广，整个纺织企业的产量大幅提高。从此，纺织女工“郝建秀”这个名字开始变得家喻户晓。1953年，倪志福以创造“三尖七刃麻花钻”闻名遐迩，被称为“倪志福钻头”，后经本人倡议改名为“群钻”，寓群众参与改进和完善之意，1986年获联合国世界知识产权组织颁发的金质奖章和证书。1954年，“张百发青年突击队”成立，1956年“张百发青年突击队”开展学习多种技术经验的活动，队员争当一专多能的多面手，此举得到全国许多突击队员、青年工人的响应，从而创造了一专多能的“多面手”快速施工经验。1958年，李瑞环曾以创造“放大样”的新工作法，改革了传统木工工艺，解决了生产难题并写出了《木工简易计算法》，被誉为“青年鲁班”。后来，有很多一线职工向他们学习，结合实际，创造了很多工作法，为推动技术进步和经济发展作出重大贡献。

中能建建筑集团有限公司起重班长曾令成，15年扎根起重操作，练就了滴水不洒吊入指定地点的硬功夫，带领班组创造32项国内大型吊装新纪录，发明26种吊装专用工器具，吊装的火电工程两次夺得“鲁班奖”。他主持公司的越南、文莱、印度尼西亚等火电项目的起重大件吊装方案，被海外同行作为“经典方案”收藏学习。

液压提升装置吊装特大设备时较为方便快捷，但由于装置的局限性，升至既定高度后，需要多人配合牵引就位，然而过程中如果重量不均衡，将会引发设备倾斜或倾翻的安全事故。解决这个难题的任务落到了曾令成的头上。他带领班组反复勘测吊装作业区，经无数次模拟，创新性提出利用液压推杆制作而成的“液压推杆牵引转换装置”，只需要4个人就能轻松完成特大设备的就位。该项发明获得国家发明专利和合肥市第三届职工技术创新成果参评奖，并在电建行业推广应用。

发电机定子是发电厂的“心脏”，而定子“平面转向”却是难题。重达数百吨的定子卸车和吊装就位时需要旋转180度，程序烦琐、风险大。曾令成与同事制作“牵引平面转向装置”解决了难题，此项施工方法形成了《发电机定子平面转向工艺吊装就位施工工法》，被评为省级工法。

（摘自中工网2024年3月23日）

（二）为提高产品精度而创新加工器具

机器的质量决定了机械产品的工作性能和使用寿命。在机械制造中，怎样提高机械产品的质量是每个制造业者努力的方向。无论是从机械的装配精度还是从零件的加工精度来看，精度都是决定机械质量的关键。在企业，只要有心，到处是技术，注意信息收集。

案例分享

1952 年，全国劳模王崇伦所在的鞍钢工具车间承担为中国人民志愿军加工飞机副油箱拉杆的十万火急的特殊载荷。王崇伦设计并制造出利用刨床加工的特殊卡具，比开始用铣床加工提高工效 24 倍，而且全部达到一级品。他操作的“牛头刨”成了“千里马”。凭着万能工具胎，在同时间赛跑中不断创出奇迹。1953 年，他完成了 4 年又 17 天的工作量，被誉为“走在时间前面的人”。这一年，他只有 26 岁。20 世纪 60 年代初，他实现 100 多项革新，先后突破十几项重要技术难题，填补了我国冶金史上的空白。

马学礼是全国机械工业战线上著名的劳动模范和革新能手。1952 年，21 岁的马学礼在沈阳第一机床厂当车工，当他看到闻名东北王崇伦的技术创新成果展示时，产生了一种“也想试试”的冲动，从此，他开始了长达半个多世纪的技术创新之旅。1954 年，他创新发明了“马学礼胎具”。1955 年，24 岁的马学礼由沈阳调到武汉重型机床厂，武汉重型机床厂是我国“一五”时期 156 项重点建设项目之一，是生产极限规格，品种齐全的重型、超重型机床的大型国有骨干企业。1956 年 7 月到苏联学习一年，在回国后的短短一年，他提出革新建议近 300 项，完成技术革新数十项。1965 年，他研制成功高速“套料刀”，效率比原来的苏式工具提高 6 倍，在中国机械行业引起轰动。马学礼由此被同行称为中国“刀具大王”。1959 年 10 月 26 日至 11 月 8 日，马学礼参加全国群英大会并在会上发言，被授予“全国先进生产者”称号；12 月 4 日，中共湖北省委作出《关于开展学习马学礼运动的决定》；中共湖北省委办公厅编《照马学礼那样干》，由湖北人民出版社 1959 年 12 月出版。“见困难就上，见荣誉就让，见先进就学，见后进就帮”，根据马学礼事迹总结出的那个时代最响亮的口号，曾经传遍全国。

（摘自中工网 2023 年 5 月 10 日）

（三）为解决问题而创新

很多有创新成果的职工，之所以取得创新成果，就是因为有心观察现场的“常见病、多发病”，并把它做成课题，不轻易放过，想办法排除故障、解决问题。用他们的话说，从最熟悉的东西里面发现问题，寻找解决方案，因为最好的学习场所就是工作现场。

案例分享

代旭升，中专文化，胜利油田分公司东辛采油厂采油二矿，胜利油田首席技能大师。参加工作 39 年来，扎根一线，创业奉献是代旭升不变的情结。他带头实施“句号行动”，在他负责的技术服务范围内，发生的所有技术、设备问题，即使再棘手、再麻烦，他都会努力解决，争取不把问题上交。“句号行动”提出以后，他已经解决技术难题和排除设备故障 2000 多个，发明的“抽油机计量控制柜”“角式单流阀”“低压真空开关”“增压泵软连接装置”，也都成为破解生产难题的妙招。39 年来，代旭升先后自主完成了 80 多项技术革新，其中 15 项获国家实用新型专利，2 项国家发明专利，累计创造经济效益 1 亿多元。他发明的“移动式套管气回收装置”，年创经济效益 2000 多万元，2009 年获国家科学技术进步奖二等奖。

江苏华晨气缸套股份有限公司技术部部长曾惠敏，先后参与重大科技成果转化、重点研发计划等科技计划项目 4 项，研发出省市级高新技术产品 6

项，获得专利授权13件，研发的“大功率柴油机气缸套关键技术研发与应用”项目荣获国家机械工业科技进步奖二等奖，“陶瓷合金层强化发动机气缸套”通过国家级科技成果鉴定，填补了国内空白，技术水平达国际先进、国内领先。

2011年，曾惠敏担任公司精益制造项目组组长，对主机厂锡柴车机高档缸套生产线进行精益工艺优化改造。为了在行业竞争中取胜，他多次对生产线的工装进行重新设计、验证。精车芯轴一旦有涨点，就会引起产品变形，直接影响产品质量，甚至造成产品报废。他研究发现问题的根源，选用相匹配的刀具型号，满足产品切削加工需要，从而大幅度降低了制造成本。为把第一条高档缸套生产线改造成功，他和团队早起晚睡，花了6个月的时间顺利改造完成生产线，投入使用后大大缩短了工艺流程，减少操作人员30%、降低制造成本10%、提高生产效率12%，废品率较原先降低了24%。随后，他又迅速组织相关部门和人员，将这种技术复制到其他19条缸套生产线上，大大提升了公司在行业中的竞争力。

2017年，公司新建“1000万只高性能发动机气缸套精益制造和智能制造生产线”项目。曾惠敏带领技术团队潜心钻研、日夜攻关，取得了重大突破，在国内同行业中率先推行精益制造和智能制造，铸造采用自动保温浇铸炉定量浇注铁水、自动化多工位双模腔离心浇注机系统、机器人自动取料等，减轻了工人劳动强度、提高产品稳定性、降低制造成本。自动保温浇注炉系统实现定量自动浇注，浇注精度达1%；多工位自动浇注系统自动喷涂，涂料厚薄均匀，确保产品质量稳定；伺服系统自动出模，自动抓取闷盖和模具，自动传送和码垛工件。现场操作由原来的10人操作20台，减少到只需要3人轻松操作，就能整个操作过程由人工转为智能化，生产效率提升16%，成本降低11%。

多年来，曾惠敏聚焦创新攻坚，更注重成果转化，取得了丰硕的成果，成为助推企业高质量发展的“排头兵”。2012 年 4 月至 2015 年 3 月，公司实施的“远洋船舶发动机气缸套研究开发与产业化”项目被工信部立项，申请专利 14 件。2015 年 4 月至 2018 年 3 月，公司实施的“远洋船舶用高性能新结构发动机气缸套研发与产业化”项目被江苏省科技厅立项，申请专利 12 件。2017 年 1 月至 2018 年 12 月，公司实施的“节油环保型发动机气缸套研发及产业化项目”利税 117 万元，申请专利 5 件。

（摘自中工网 2023 年 12 月 8 日）

（四）为减轻劳动强度而创新

劳动强度是劳动的内含量，表现为在一定时间内劳动者在创造物质产品和劳务中所消耗的劳动的量。劳动工具因素是劳动强度的一个重要方面，要减轻劳动强度，就要对劳动工具进行创新。许多劳动模范通过对劳动工具的技术创新，使劳动工具越来越适合于人的使用，改善了劳动的外部环境，降低了劳动强度。

一项发明能否被应用于生产过程或工程活动，还取决于它能否纳入已有的技术系统或引起已有技术系统的革新，以及资金、设备、人力、材料、管理和市场诸方面的条件。在技术发明中，数量最多的是改进型的。完善与基本技术有关的材料、结构、工艺和功能都会导致改进性技术发明。把一种基本技术移植、应用于多种对象，通常要求改变基本技术的某些环节，派生出另一些发明，这属于应用改进型技术发明。把多种已有技术结合起来组成一个前所未有的系统，实现某种新的功能，往往也需要对已有技术作改进而产生一些发明，这属于综合改进型技术发明。对产品的形状、构造乃至外观设计上的创新和改进，有时也具有发明的性质。

案例分享

于芸芸是第四批“中国纺织大工匠”，她在生产操作岗位20多年矢志不移地钻研和苦练操作技术，在山东省乃至全国职业技能竞赛中接连摘得奖项，成为人人称赞的技术能手。她，提出操作技术创新58项，其中5项获国家专利证书。在她的帮教下，先后有7个工种的21名职工参加德州市一类操作技能大赛，均取得优异成绩。截至2022年，她已为公司培养操作技术骨干156名。

为更大程度地减轻值车工劳动强度，减少粗纱上下机频次，提高成纱质量的稳定性，于芸芸琢磨出细纱宝塔分段采用“阶梯式换纱”的新方法，在品种上机前根据不同的支数，计算出一个粗纱一轮班的使用长度，订出粗纱的分段米数，按照粗纱大小，分为八个段进行上机装车，这个方法在车间创新使用后，每套车减少了值车工换粗纱工作量7680个，杜绝了粗纱表面发毛的质量隐患。经测算，这项创新方法对值车工来讲，降低了30%的劳动强度，对产品质量的稳定也起到了很大的促进作用。

2008年，于芸芸通关闯将，最终获得全国细纱实操成绩第一，单项奖第三名、总分第五名的好成绩。

在公司紧密纺的纺纱过程中，易出现小辫子棉节纱，严重影响细纱质量，还造成成本浪费。为了解决这一问题，于芸芸和车间技术人员一起，反复研究实验，最终研创出“一种四罗拉紧密纺集聚皮辊压力调节装置”，这个装置的应用，一举解决了紧密纺小辫子棉节纱的问题。2021年，于芸芸和技术团队共同研创完成的新装置，获国家新型专利证书，并在行业内进行推广应用。

（摘自中工网2024年1月26日）

三、探索人工智能技术创新途径

企业转型数字化技术，无论是数据的连接、设备连接，还是“人和人”之间的连接，都让我们感受到日新月异的变化。但是即使在数字化技术的应用领域也有两个不同的方向，即替代人还是武装人？数字化技术是用来替代我们的，还是说我们用这些技术改造世界？运用人工智能创新应该是武装人民、用技术改造世界。

案例分享

一汽—大众长春生产整车制造一部焊装一车间，全国技术能手、一汽集团首席技师范英男入职 20 年来，先后参与了大众、奥迪 10 余款车型生产线的规划、建设、投产和改造。他告诉记者，数字化、智能化技术的应用，不仅大大提高了工作效率，也让产品质量更加可靠。

“进入一汽—大众工作后，陌生的焊接设备和眼花缭乱的机器人，一度让范英男感到很忐忑，但也激发了他想要征服这些设备的欲望。他利用业余时间“充电”、在技术攻关中学习、在专业培训中成长……迅速掌握了很多人工智能、仿真技术等方面的专业知识，还先后 4 次参加焊装车间举办的技能大赛，“数字技能”水平不断提升。

奥迪 A4L 车型投产时，公司第一次应用了等离子焊接技术。生产线调试期间，由于机器人翻转速度快，送丝故障频发，产品合格率只有约 60%。公司让范英男牵头优化改进生产，那段时间，他吃住都在现场，累了就在纸壳铺的“床”上睡一会儿。就这样，他以 1 个月瘦了 10 斤的“代价”，成功解决了技术难题。

用人工智能算法对焊接过程进行分析，开发质量前置管理、设备健康管理、成本监控、能源监控四大模块；以工业大数据为基础，运用统计学、人工智能等方法自主研发设备远程监控系统……截至目前，范英男累计完成27个数字化工厂功能开发项目，攻克23个技术难点。

（摘自中工网2024年1月15日）

四、发挥劳模工作室创新的特色优势

通过工作室这种形式，把劳模、能工巧匠等高技能人才聚集起来，围绕服务、营销、管理、技能操作等方面内容，通过名师带徒、岗位练兵、竞技比武、技术攻关等活动，积极发挥传帮带作用，调动职工“在干中学，在学中练，在练中比，在比中创”的主动性和积极性，为企业培养和造就更多的“首席职工”“服务明星”“操作能手”“技术带头人”，能有效地扩大劳模、先进、能工巧匠的效应。

案例分享

余秉智是中国中车资深技能专家，先后获评“荆楚工匠”“湖北省技术能手”“武汉市首席技师”“武汉市技能大师”“武汉大城工匠”。

1988年中专毕业后，余秉智进入武汉市汽车传动轴厂，从事冲压模具加工。冲压模具精度要求以丝（0.01mm）为单位，对车刀的刃磨精度要求高。开始他总磨不好，为磨出正确刀具几何角度，握刀的手都不敢松，手指经常被烫出血泡。凭着干就要干好的信念，通过向师傅请教、学习，不断苦练，最终掌握了车刀的刃磨技巧。

调入武汉江岸车辆厂后，他掌握了更多车工操作技能，先后获8项国家专利，其中主持设计活接头车床夹具，解决了活接头装配同轴度超差的问题，工作效率提高3倍，每年减少活接头外购成本200万元；主持设计的修复折角塞门外螺纹车夹具，解决了工件在车床上定位、装夹的问题，每年节省生产成本70万元至80万元。

五厂整合为中车长江公司，成为亚洲最大货车研发、制造、销售与服务的企业，承担着轨道交通高速发展和自主创新的使命。他担任维修中心组长，创造了17项先进操作法，其中5项获奖。罐车罐体三辊滚弯机是罐车生产的关键设备，在大修改造时，他创造了“分层切槽开路法”结合“左右切削法”，完成了大模数蜗杆加工。设计制作专用刀杆，解决了车削过程中的“扎刀、啃刀”问题，节省铸铜丝母外购费用48万元。

2020年，以他名字命名的劳模（大师）创新工作室成立，并吸纳了机加工、机修钳工、维修电工等多专业的高技能人才，协同解决生产难题、科技创新等，取得显著成果，实现了1+1>2的团队效应。

（摘自中工网2024年1月5日）

本节小结

一线职工创新的空间最大，创新的机会最多，创新的方式也最多。岗位创新就是在本职岗位上经常性地、富有创造性地开展工作，许多劳模工匠通过岗位创新取得了突出的成果和成绩。岗位在现场，问题在现场，价值在现场。岗位创新不分你我，人人都可以立足岗位进行创新。具备一定素质能力的职工要充分利用自己所处的优势条件，立足本职，不断发现岗位上的“问题点”，把“问题点”作为“改进点”、“改进点”作为“创新点”，为企业发展多作贡献。为保障一线职工进行创新、创造出更多更好的成果，除了不断提高广大职工的素质能力，广大企业还必须健全机制、创造环境。

第四章

人际和谐、团队合作是职工岗位“破圈”出彩的环境气场

人的社会性决定了人类亲和的实质。约翰·多恩曾说过：“没有人是一座孤岛。”人的社会生命支持系统就是人脉。在社会生命支持系统中，内因是事物发展变化的根本原因，自身努力是成功根据。外因是事物变化发展的条件，外因通过内因起作用。讲外因，包括天时、地利、人和等因素。只有正确认识和处理自己与他人的关系、自己与团队的关系，在良好的人际环境中，把自身的能力和外部的条件充分地利用结合起来，才能“破圈”出彩。

第一节　人脉观和人际关系的维度与连接

人类的世界并不是以个体形式存在的，每个人都生活在以人为单位构建的群体关系网中。关系是人群互联的一种形态，是人得以生存的土壤。人际关系是在人们共同生活中产生的。关系是构建人类世界的基础法则。建立平等、友好、正常、健康、和睦的人际关系，反映寻求满足的心理状态。

一、人脉思维

人类社会是一个人际关系耦合的网络体系，人际交往是个人社会化的起点和必经之路。每个人都处在多层次、多方位、多角度、多类型的人际关系网络中。人们在社会实践包括生产、生活的活动中，由于彼此间的需要而结成一定的相互作用、相互影响的关系，这就是人际关系。人际关系是社会生活实践活动过程中，个体所形成的对其他个体的一种心理倾向及其相应的行为，它是通过交往而形成的人与人之间的心理的关系。人与人的交往关系，包括亲属关系、朋友关系、同学关系、师生关系、雇佣关系、战友关系、同事关系、领导与被领导关系等。每个个体均有其独特之思想、背景、态度、个性、行为模式及价值观，人际关系对每个人的情绪、生活、工作有很大的影响，对组织气氛、组织沟通、组织运作、组织效率及个人与组织之关系均有极大的影响。

社会化即个人学习社会知识、生存技能和文化，从而取得社会生活的资格，开始发展自己的过程。如果没有其他个体的合作，个人是无法完成这个过程的。从人际关系中得到信息、机遇、扶助就可能助你走上一条成功之路。群体压力、人际比较、参与竞争等三个相互激励的因素，能有效促进激发个体潜在能力的提升。良好的人际关系，是持续的人性精神支撑，与实际工作合作，才能使你有所成就。

人的生理生命支持系统是血脉，人的社会生命支持系统就是人脉。在现实生活中，绝大多数人都很愿意和他人生活在一起。不是迫不得已，几乎没有人会自愿选择与他人隔离。如果一个正常的人被隔离，长时间不与他人来往，心理上就会感觉痛苦，焦虑也会随之发生。

有时，人脉比能力更重要。斯坦福大学的一项调查证明：绝大部分事业有成的人士，在其获取成功的构成因素中，能力占到26%，家庭背景只占5%，而人脉的占比则高达69%！这说明，一个人的人脉是为其成功打下坚实根基的原因之一。“多个朋友多条路”“一个好汉三个帮，一个篱笆三个桩”“一人成木，二人成林，三人成森林”。如果要想事业做到成功，就需要有成大事的人脉网络和人脉支持系统。

一个人要想拥有丰富的人脉资源，就不能被动地等待别人来认识自己。结交朋友很多时候也是一种机遇。每个人都是一个丰富的世界。假如我们能与陌生人发展友情，了解彼此的内心世界，一定会有许多新奇的感受、学到很多有用的知识，从而获得“高山流水觅知音”的快乐。

人脉的用途有很多，对职工来说，人脉最关键的作用是向优秀人士学习，你的人脉资源越优质，你所能学到的东西就越多。

诚然，在工作、生活中，人难免会遇到困难，如果没有朋友的帮忙，个人会感到孤立无援，得不到帮助，无法渡过难关。人为防遇到不测，平时就多注意结交朋友，在遇到困难时别人才可能会伸出援助之手。

人脉可以“锦上添花”，但更要“雪中送炭”。人际交往，在别人好的时候，做到“锦上添花”，这是最基本的人情世故，也是经营人脉不可缺少的一环。比起“锦上添花”，更重要的还是在那些需要帮助的人遭遇低谷的时刻，倘若能及时地“雪中送炭”，这种人情才是让人铭记于心的。

感恩是心灵的滋养品，滋养我们的成长之树。滴水之恩当涌泉相报，这是为人处世的原则。当我们心怀感恩，珍惜生活中每一个细微的美好时，我们就能够真正体会到人生的幸福和快乐。当你遇到别人给予你帮助和支持时，要以真诚的心对他人表达感谢，鼓励他人继续行善。

二、人际关系的维度

从广义上讲，人们将观察、思考与表述某事物的思维角度称为维度。对于人际关系来讲，四个维度形成了一个人的人际关系大棋。

第一维度——基缘。所谓基缘，是指构成人际关系的最基本因素，包括血缘、地缘、业缘、趣缘等。血缘构成的人际关系，泛指因血缘和姻缘联系而形成交往的人际关系，如父子、母女、叔侄、夫妻、姨表、婆媳等。地缘关系是由于人们共同生活，活动在相同的空间而产生交往的关系，如老乡、邻居、同事等，它带有强烈的地方色彩。业缘人际关系，在人际关系整体中占的比例大，对于社会的影响也大，如师徒、同学、买卖双方等。所有以职业、行业、专业、事业为媒介建立的关系都属此类。趣缘群体是指人们因兴趣爱好相同而结成的社会群体。这类群体基于共同的兴趣爱好和价值取向结合起来，形成相互依存、相互作用的有机组合体，这样的群体丰富人们的社交生活。互联网趣缘群体在网络空间中蓬勃生产，越来越多的文学、科学爱好者开始入驻虚拟社区，开辟属于自己的趣缘空间。

第二维度——间距。间距的大小也会对关系产生影响。其中，间距又分为自然间距和心理间距。自然间距限制了两个人身体的接触，心理间距决定了人们的心灵是否有隔阂。如果心理间距太大，彼此之间就会缺少默契，缺少联系，时间一长，关系也变淡。所以有“远亲不如近邻，近邻不如对门”之说。但也要注意心理距离效应，也就是人际关系中的“刺猬法则”。它源于一个有趣的现象，即两只困倦的刺猬因为寒冷而拥抱在一起，但由于各自的刺相互刺痛，它们不断调整位置，最终找到了一个既能够相互取暖又不被扎伤的距离。这个法则主要指的是人际交往中的“心理距离效应”，强调在人际关系中保持适当的心理距离，以避免不必要的冲突和伤害。

第三维度——交往频率。这是一个对关系的深浅起决定性因素的条件。基因决定一段关系的本质，而交往频率可以改变这段关系的厚度。例如，二人是亲戚关系，但因为一些原因很少往来，那么即便他们的祖辈之间关系再好，但到他们这一代，因彼此了解得少，他们的关系就处于认识但不深交的状态，长此以往，这段关系就会越来越陌生。交往频率多了，即便机缘决定彼此只是普通的朋友，但是在频次的促进下也能使彼此的关系更加亲密。

第四维度——信息传递。交往过程中信息传递对人际关系是有影响的。当我们面对的人不同，需要传达的信息也不同时，这个信息能够调节彼此的关系。信息传递缺乏，我们不能了解彼此，渐渐会有隔阂。信息传递频繁，我们彼此会产生猜忌，进而产生误会。所以，一切的交往都要有度。

三、人际关系的“强连接”关系、“弱连接”关系和“枢纽”

亚里士多德曾说：“人类是天生的社会性动物。”我们每个人都存在于多个社交网络之中。一个完整的社交网络包含三个组成部分，分别是“强连接”关系、“弱连接”关系以及“枢纽”。

“强连接”关系指的是和你自己关系非常密切的人的关系，包括你的亲人、密友等。“强连接”关系是指因具有相同社会特点或相互信任、互动频率高和情感亲密度高而结成的关系，它维系着群体、组织内部的连接。处于“强连接”关系中的个体，虽然容易获得信息，但由于处于同一圈子，信息的重复性较高，限制了个体对外界新知识的获取。

“弱连接”关系，指人们在群体之间、组织之间建立的连接，及与你关系不太密切甚至是偶然遇到的人建立的连接。处于弱连接中的个体之间，拥有的异质性信息比较多，相对“强连接”关系更能跨越社会界限去获取信息，获取新信息的概率较高，能给你带来知识、机会和意想不到的惊喜。它是当今精英圈层的社交奥秘。许多人利用“弱连接”关系改变生活、成就事业、突破困局；许多企业因“弱连接”关系而转危为安，发展壮大。人们不需要具备超凡的魅力，就能利用“弱连接”力量，扩大朋友圈，超越现有圈层，成为超级“破圈”者，从而提升影响力，持续成大事。

“枢纽”，指的是我们连接外界的会合点，也就是我们通常所说的“圈子”。例如，我们所在的家庭、学校、公司，网络上的社群、社交平台等都是“枢纽”。我们生活的轨迹和成就的大小，很大程度上取决于我们选择的“枢纽”，以及我们是否能够灵活地在各个“枢纽”之间变换角色。身处网络时代，我们可以更加自由和便捷地选择自己所在的“枢纽”，或者直接创建一个“枢纽”，如果我们想要人生变得更开阔，获得更多向上的机会，就要有意识地去选择一些资源更多、更适合自己的“枢纽”。

现代社会变化太快，个人面对焦虑的唯一方法就是既要随时准备“入圈”，也要准备“出圈”。一个人想要在环境中很好地生存，需要了解自己，再根据环境，在“入圈”与“破圈”中灵活变通！尼采说，“特立独行的人才能成为强者”，这就需要“破圈”。“破圈”有两种，一种是个人脱离集体，独立发展；另一种是在集体中保持自我个性，不随波逐流，不盲目跟风，不内卷，不受他人影响。尼采又说，“人要学会加入，与他人合作，加入集体，这样才能成就一番事业，团队的力量胜于个人的力量”，这就要选择“入圈”。特立独行和加入集体，看似两者矛盾，实则环境不同，作出的选择不同而已。

心理学家丹尼尔·戈尔曼曾说：“群体可以产生一种不可阻挡的吸引力，

让处于任何一种亲密关系中的人，对事物产生相同的看法和感受。”人类似乎天生就能与周围的人连接，对一个熟悉的圈子产生依赖。在遥远的石器时代，人们生活中只有两到三个枢纽：家庭和部落，对男人来说，还有狩猎队。直到300多年前，很多人也还是在这几个枢纽间活动：家庭、单位和市场。不少人终其一生，他的活动枢纽都不会发生改变。只有少数人，像探险家、商人和社会上层人士，才会频繁地在多个枢纽间活动。随着工业发展，人类开始进入现代化的社会，出现国际化都市、各类大学、研究院所，以及岗位职业工作、文娱体育活动等，让我们的枢纽大大增加。随着人工智能时代的到来，从小到大的各种各样的枢纽更多。

一个人和陌生人主动建立“弱连接”关系，并长期维护这种连接，需要有一定的个人自主性，一个被动的人很难建立起“弱连接”关系。我们想要“破圈”，要建立“弱连接”关系，就要努力变得自主，获得更多向外突破的可能性。

如今，互联网把“弱连接”关系推广到了全球的各个角落，“弱连接”关系作为多样化信息的传播渠道，不管你想学习知识，还是寻找工作，都不局限于“强连接”关系圈了，都可以通过“弱连接”关系走遍天下！

在信息化社会，没有人是一座孤岛，我们随时随地与外界保持着一定的联系，即使你没有主动靠近人群，人群也会主动靠近你。很多“弱连接”关系并不是主动建立的，而是在日常生活、学习和工作的过程中，自然而然建立的。我们每天都会和不同的人打交道，他们会自然而然地与我们建立起“弱连接”关系。有时看似无用的关系更有潜在的价值，正所谓“无心插柳柳成荫”。

要特别注意与同专业人才结成盟友，形成自己的专业人脉圈。专业盟友肯定是我们经常会征询意见的人，我们相信他们的才能与判断力。我们愿意主动分享机会，并且希望能一起把握机会的人，就是我们的专业盟友。仅仅这样还不够。因为只有拓展更多的“弱连接”关系，才能产生更多的新信息和新机遇。所以，你还要不断建立新的“弱连接”关系！不断增加人脉的广度与多元性。一是联结你的盟友、“弱连接”关系，以及你现在认识的其他人。二是联结“朋友的朋友”，也就是第一度联结里的人所拥有的人际关系。三是联结第二度联结里的人所拥有的人际关系。有人把这称为专业人脉圈里的“三度联结”。这样扩展开来，就是一张巨大的人脉关系网络。所以，当我们想要拓展人脉圈、想要建立更多“弱连接”关系时，便可以通过朋友介绍，去认识第二度联结里的“朋友的朋友”，甚至是第三度联结里的“朋友的朋友的朋友”。不过做这些事情有一个前提，就是让朋友信服。

这里有三个理念值得参考。一是英国牛津大学人类学家罗宾·邓巴，提出了一个“150 理论”，这个理论指出，所有人一生中最多可交往 150 人（网络社交除外），密切接触者 15 人，而真正交心的不超过 5 个人。这就需要我们不定期筛选朋友圈，清理不重要的人，留下最珍贵的朋友。是否懂得筛选朋友，在很大程度上，决定着一个人命运的走向。二是“六人定律”，指任何两个人之间的关系，基本确定在 6 个人左右。两个陌生人之间，可以通过 6 个人来建立联系，此为“六人定律”，也称作“六人法则”。一个股票专家做过一个实验，将一封有关股票信息的电子邮件发送给一个陌生人，并要求这个陌生人把这封电子邮件转发给一个热爱炒股的人，当这封邮件第六次转发的时候，竟然转发回了股票专家手中，经过无数次的实验，从发出到收回平均经过 6 次转发，所以得出了该结论。三是谨慎择友。《论语》云：“益者三友，损者三友。友直，友谅，友多闻，益矣。友便辟，友善柔，友便佞，损矣。”益友能把你的人生往上托，损友会把你的人生一步步往下拽。人生旅途中，选择优于自己的人同行，你会被激励、启发，从而走得更远；反之，与劣于自己的人同路，就意味着被打击、压制，未来的路也将泥泞不堪，因为很少有人能够“出淤泥而不染”。

俗话说“隔行如隔山”，每个不同的“圈子”都有着非常鲜明的特点，长期封闭在一个圈子里，与别的圈子就会形成隔阂，如果我们再对圈外漠不关心，甚至躺在舒适的圈内怡然自得，那我们就会越来越孤陋寡闻、认知低下，慢慢被时代淘汰。圈子和圈子之间又不可能是彼此封闭的。“破圈”行为的出现，正为各个“圈子”之间的交流搭起了桥梁、连起了纽带，让我们拥有更广阔的视野和更自由的心灵空间，进而产生更有创造性的思维，强大自己，发展自我，增强自己服务社会的能量。

本节小结

社会是人与人相互作用的产物。我们生活在社会中，工作在企业里，我们的人生出彩取决于我们直接或间接与其他人的交往交流，交流沟通无时无刻不在发生。社会就是一个个圈子的叠加集合，人生是一个不断“破圈”的过程。我们要用全新的视角审视人际关系，从“强连接”关系中跳出来，让“弱连接”关系为人生赋能。这是决心“破圈”出彩的职工应掌握的基本技能，可以说是一个人生存与发展的必备能力，也是决定职工“破圈”出彩的必要条件。在立德铸魂、技术精湛的基础上，在做知识型职工、技能型职工、创新型职工的过程中，我们要增强人脉意识，努力拓展自己的人脉关系。人脉的杠杆属性及其影响力不可小觑。良好的人脉关系对个人综合素质的提升是不可估量的。人的素养越高、处理人际关系的能力就越强，人脉的杠杆作用就越大。

第二节　在企业内部建立良好的人际关系

根据企业内部主体的不同，人际关系可分为领导之间、领导与职工之间、职工之间等方面的关系。一方面要正确处理与原圈子的关系。原有圈子的朋友是能够平等坐在一起谈心的人，要尽力维护。另一方面要正确处理与新圈子的关系。在选定志同道合的对象后，只需付出真诚去相处即可，其方法如下。

一、与人为善，和谐相处

（一）诚心诚意交流

交流沟通是现代企业管理的核心。无沟通，不管理。企业职工的日常工作中离不开交流沟通。工作的过程，就是交流沟通的过程。与领导、同事交流沟通是履行职责、做好工作的主要手段和途径。

交流沟通中，很重要的是认真倾听。如何做到这一点呢？在与人沟通中，直视对方，诚心、耐心、细心地听，用眼睛观察对方讲话的表情，分析对方讲话的意图，以示对交往对象的重视，即使你对对方讲的话并不感兴趣，也应让人家把话讲完，避免打断对方的话语。在表达自己的观点时，要言简意赅，确保用清晰明了的语言陈述，避免使用含混不清的词语，要让对方明白你表达的意思。如果你的话让对方不知所云，或者你的话存在歧义造成对方误解则是大忌。使用具体的实例和说明来支持你的观点，这样可以使你的意图更加明确和易于理解。不要假设对方的意图或感受，而是积极地澄清和确认。避免主观推测对方的想法，而是通过提问来获得更多信息，了解他们的观点和感受，避免误解和误会他人。有时候某些话题不可直接提出，则可以讲些对方感兴趣的话题，然后慢慢引导转到你的话题上去。作为上级要特别注意倾听下属的意见，倾听能直接了解下属的生活和工作情况。应给予对方积极的反馈和赞赏，鼓励他们继续提供意见和参与讨论，要接受来自他人的反馈，并以开放的心态对待，不要故意为难他人。

除了语言表达，还要注意个体的肢体语言、面部表情，确保他们与你所表达的信息一致。同时，使用肢体语言（如保持眼神接触、面带微笑）和肯定的回应（如点头、鼓励性的肢体动作）来表明你的关注和理解。要善于用你的眼神来与对方交流，不时看看对方的眼睛，从而判断对方是否赞同你的意见。当然，你不能一直看着对方的眼睛，这是不礼貌的。主动与他人说话，应谈论他人感兴趣的话题，与不太熟悉的人谈话，要记住他人的名字。

注意把握沟通交流的机会。有时候对方很忙，如果你不争取就会失去沟通的机会。你要及时地告诉对方，我们交流只占用很短的时间，比如请给我一分钟或几分钟的时间，这样或许你就有了交流的机会。如果对方对交流的内容感兴趣，对方或许就会给你更多的时间来交流。

除了语言沟通，还可以用书信、电子邮件、微信、短信等交流的方式来沟通。不同的场合采用不同的沟通方式才能达到预期的效果。比如，对方正生你气的时候，你是没有机会和对方面对面交流的，这个时候就要选择书信等文字交流的方式来沟通，效果会更好。

（二）面带微笑交流

没有人能够挡住笑容的魅力。保加利亚哲学家基里尔·瓦西列夫在《情爱论》中说：“爱的微笑像一把神奇的钥匙，可以打开心灵的迷宫。它的光芒照亮周围的一切，给周围的气氛增添了温暖和同情、殷切的期望和奇妙的幻景。”英国诗人雪莱曾经说过：“笑是仁爱的象征，快乐的源泉，亲近别人的桥梁。有了笑，人类的感情就沟通了。”微笑是发自内心地对别人表示友好、接纳、赞同、理解、宽容和尊重，而不是皮笑肉不笑的虚情假意。皮笑肉不笑对人传达的是封闭、冷漠、拒绝、敌对、仇恨等信息。所以，要体现对他人的尊重，就要学会微笑。微笑是一种亲切的语言，微笑是一种高尚的表情，微笑永远是生活里明亮的阳光。如果你想让你的生活精彩诱人，如果你想让你的生活光彩夺目，你一定要学会微笑。微笑带来的爱人、亲人、朋友、同事的温暖会成为生活中的一大武器，让我们变得更坚强、更勇敢。

培根说：“我们的语言不妨直爽，但不可粗暴骄傲，有时也应当说句婉转的话，但切忌虚伪轻浮与油滑。”这些都是我们说话的艺术。我们即使是正气凛然，也不可盛气凌人，说话应当和缓婉转，刚中有柔，既要把话说明白，又要使人乐于接受。须知带刺的玫瑰容易伤人，也会刺伤自己，需谨慎于语言之技巧。

（三）尊重他人

尊重他人是人际交往中的“绿灯”。自尊是渴望自己有成就、有名誉，能得到他人的赏识和重视，这是建立在自我评价基础之上的尊严，而尊重他人是建立在社会评价基础之上的。每个人都有自己的人格尊严，并期望在各种场合中得到尊重。尊重他人包括在面对困难和挑战时，尊重他人的意见和建议，能达到共同解决问题的目的；即使你不同意他们的观点，也要保持冷静和尊重。尊重他人的权利，不要侵犯他人的个人空间和隐私，好管闲事只会添堵惹是非，说闲话必招祸患，在自己因某些矛盾出现愤怒情绪之际，要特别注意自己的言辞，避免伤害他人自尊；讲究语言文明、礼貌待人，不开恶作剧式的玩笑，不乱给同事取绰号，尊重同事的生活习惯。

尊重他人不仅能使对方感到受重视和被关注，还能让自己受益。通过尊重他人，引发他人的信任、坦诚等情感，缩短交往的心理距离。尊重他人也能让我们更好地了解自己，认识自己的价值和不足。这样，在人生的漫漫旅程中，才会有更多的良师益友相伴。

尊重他人，当他人取得了成绩，获得了荣誉时，不要嫉妒别人。妒是指他人在某些方面胜过自己引起的不快甚至是痛苦的情绪体验。在日常生活中，嫉妒的存在是很普遍的。当看到别人比自己强时，心里就酸溜溜的不是滋味，于是就产生一种包含着憎恶与羡慕、愤怒与怨恨、猜疑与失望、屈辱与虚荣以及伤心与悲痛的复杂情感，这种情感就是嫉妒。嫉妒者往往不能容忍别人超过自己，害怕别人得到自己无法得到的名誉、地位等，在他看来，自己办不到的事别人也不能办成，自己得不到的东西，别人也不能得到。嫉妒是自尊心的一种异常表现，在职工中普遍存在，具体表现为当看到他人学识能力、品行荣誉甚至穿着打扮超过自己时，内心产生不平、痛苦、愤怒等感觉；当别人身陷不幸或处于困境时，则幸灾乐祸，甚至落井下石，在人后恶语中伤、诽谤。

不要拿别人的错误来惩罚自己，不要拿自己的错误来惩罚别人，不要拿自己的错误来惩罚自己。人与人之间的关系是我们生命中最重要的财富。当我们关心、帮助和理解他人时，我们能够建立起真正的纽带，使自己的世界更加丰盈且美好。这样，我们不仅能够帮助他人，也能够在帮助他人的过程中找到自己的价值和快乐。

（四）尊重上司领导

在处理人际关系的过程中，领导成员与职工之间建立起一种互相尊重、互相体谅、团结和谐、彼此悦纳的心理交往态势，为建立企业良好的人际关系夯实心理基础，创造一种宽容、体谅、信任、合作的心理氛围和工作环境。从职工角度来讲，任何一个上司（包括部门主管、项目经理、管理代表），他们能升到这个职位上，至少他们具有了丰富的工作经验和待人处世的良好方略，取得精彩和骄人的业绩，都是值得我们学习和借鉴的，我们应该尊重他们。当然每一个上司都不是完美无缺的。例如对上司在工作中出现的某些不足，也可以提出意见和建议，但要拿出详细的、足以说服对方的资料和理由，让上司心悦诚服地接纳你的观点。

要处理好与领导的关系。首先，刚到新单位，要用恰当的方式表现自己的才能，注意给领导留下良好的第一印象，以取得其信任和支持。其次，要注意给出意见或建议的方式和方法。一般来说，刚走上工作岗位应少提意见，特别是不能以自己的“理想模式”来看待领导，看待周围的是是非非。如果确有建议，一定要考虑成熟，并在适当的时间，以适当的方式向领导提出。与领导交往得适度，不要有事没事找领导。如果过多地与领导交往，易引起人的误解、反感，给人一种“溜须拍马”之感。多做事，少议论。最后，初入新环境，应把注意力集中在尽快适应工作上，特别注意不要对上级领导及周围同事评头论足，不要随意加入某系派别，否则，无论是对工作的适应，还是人际关系的建立，都是不利的。脚踏实地，埋头苦干，与每一个人都尽可能地和谐相处，有利于良好人际关系的建立和发展。

（五）理解支持同事

处理好与同事的关系。与领导处理好关系是必要的，但如果只注意与领导接触，而忽视与同事之间的关系，就会失去群众基础，对工作的开展造成不利影响。一般来说，在与同事相处时，要注意以诚相待，相互尊重信任，不可自视清高。要宽以待人，严于律己，出了问题主动承担责任。当同事有困难时，要主动关心，并及时伸出援助之手。在与同事发生矛盾时，最好当面解决，并吸取教训，防止类似矛盾的重现。在讨论中，不要把个人意见强加于人。对组织作出的决定，应坚决服从。

与同班组、同科室的同事相处得久了，对彼此之间的兴趣爱好、生活状态，都有了一定的了解，做到互相理解支持。1. 在发生误解和争执的时候，一定要换角度、站在对方的立场上，为人家想想，理解人家的处境。通过顺畅的沟通渠道来协调各方面的关系，调节人际冲突。2. 任何背后议论，或者指桑骂槐，最终都会在贬低对方的过程中，破坏自己的大度形象，而受到旁人的抵触。3. 支持意味着接纳人家的观点，而一味支持只会导致盲从，也会滋生拉帮结派的嫌疑，影响企业决策层的信任。4. 不要打听别人的隐私，不要加入小圈子，不要说任何同事的坏话，不要传播小道消息，不要抱怨、责备他人。5. 对待任何人和事，不是大的原则问题，该放一马则放一马，不要过分计较，也不要不留半点人情。“山不转水转”“人情留一线，日后好见面”。6. 设身处地为他人着想，别人需要帮忙时热情点，想尽办法去帮助他人。7. 充分尊重对方的内心秘密与隐私。在听到对方的内心秘密后不要把内容泄露出去。8. 衷心让他人觉得你很重要，给予真诚的赞赏与感谢，承认对方有理，引发他人心中的渴望。你想别人怎么待你，你就要先学会怎么去待别人，为别人点亮一盏灯，别人将为你点起一把火。9. 努力站在对方的角度思考，并理解他们的观点和感受。这样做可以帮助你更好地回应和解决潜在的分歧，可以增进共情和理解，促进建设性的对话和解决方案的达成。

案例分享

有篇寓言说：一只小鸟在飞往南方过冬的途中冻僵了，掉落到农田里，一头牛走过来拉了一泡屎在它身上。小鸟躺在牛屎里慢慢地缓过劲来，高兴地唱歌。一只路过的猫听到了小鸟的歌声，走过去想看个究竟，发现了躲在牛粪中的小鸟，将它刨出来吃了！这篇寓言告诉我们，并不是每个在你身上拉屎的人都是坏人、敌人，并不是每个把你拖出粪堆的人都是你的朋友、恩人。不能光看表面现象，要看实质是什么，其目的是什么。

（六）善待对手

在我们的工作生活中，处处都有竞争对手。许多人对竞争者四处设防，更有甚者，还会在背后冷不防地“插上一刀，踩上一脚”。这种极端行为只会拉大彼此间的隔阂，制造紧张气氛，对工作无疑是百害无益的。其实，在一个集体里，每个人的工作都很重要，任何人都有可爱的闪光之处。当你超越对手时，没必要蔑视人家，别人也在寻求上进；当人家在你前面时，你也不必存心添乱找茬。无论对手如何使你难堪，千万别跟他较劲。先静下心干好手中的工作。说不定他仍在原地怨气时，你已出色完成业绩，露齿一笑，既有大度开明的宽容风范，又有一个豁达的好心情，还担心失败吗？说不定对手早已在心里向你投降了。

当好朋友变成竞争对手时，你要保证彼此的情谊不受到损害，促进彼此间良性竞争，让彼此都取得进步。

谈到竞争对手，往往是这样的现象：当你领先别人一小步时，别人不承认与你有距离，或认为各有千秋，或在心里嫉妒你，或故意把你摔倒，以领先于你；当你领先别人一大步时，别人难以追上你，就会羡慕你，赞扬你，评选晋职时就会把票投给你；当你超越别人一大截时，就会出现“马太效应”，一步领先，步步领先，别人会跟随着你，在你带领的团队中奋斗。

避免不必要的冲突和摩擦。一般情况下，在表达不满时，我们应该遵循如下两条原则：第一，对事不对人。即在表达不满的时候，只对事件本身发表自己不同的看法，不要攻击对方的人格。第二，对己不对人。即在表达不满的时候，要直接表达自己的内心感受，而不要轻易给对方的行为下结论。

要明白，竞技场上的对手，能够激活你的潜能，最好的纪录往往就是在与对手较劲时创下的。工作中的对手，能够使你战胜自满和懒惰，推动你超越自我，进而超越他人。有竞争，就免不了有输赢。在很多情况下，高下无定势，输赢有轮回。体育决赛中，败在冠军手下、屈居亚军的人，是最有希望在下一场赛事中夺得冠军的人。在一番相争之后，在知己知彼的情况下，极有可能夺得冠军。人生在世能够互成对手，也是一种缘分。有些事，只有赢多赢少之别，并无绝对胜败之分。善待对手于他人有益，对自己也有利。

在面对竞争对手时，你会发现，你从对手身上得到了许多。今天，在社会的各个领域，都充满了竞争。那些成功人士都是通过竞争逐渐脱颖而出的，并最终成为各个领域的佼佼者。如果你已是一个成功者，那么只要你仔细回想一下，你就会发现真正促使你进步、成功的，不单是自己的能力和朋友的支持，更多的时候，是你的对手激发了你的潜能，促使你不断进步。

人与人之间的相处应以义为贵，处处把他人当作竞争对象，会使自己经常处于慌张状态。其实，只要你不把人家看成对手，人家也不会与你为敌。如果你经常被人排斥，可能是因为人家对你有戒心。在适当的时候，表现自己的善意，多交朋友，心境自然会变得平静。不要强求别人。很多人把希望寄托在他人身上，尤其是亲人和朋友，假如对方达不到自己的要求，便会大感失望，其实每个人都有他的思想、优点与缺点，何必要求别人迎合自己的需求呢？

（七）平静、忍让、克制

在人际关系中，有时候难免会出现矛盾，甚至会发生争吵，这时候一定要注意平静对待。苏轼在《留侯论》一文中谈道："匹夫见辱，拔剑而起，挺身而出，此不足为勇也。天下有大勇者，卒然临之而不惊，无故加之而不怒。此其所挟持者甚大，而其志甚远也。"即勇敢者离不开大志，有了远大的志向，才能够忍辱负重而不致一触即发。小不忍则乱大谋。所以，如何做到忍让克制？其方法如下：将要发生冲突时，要有意识地降低说话的声音、放慢速度，避免冲突。如要发怒，先从 1 数到 10 再开口，或身体前倾，就可以淡化、缓和紧张冲突的气氛。当感到控制不住愤怒时，可以迅速离开现场，加强自我克制。待气头过去再回来，往往就风平浪静了；当感到烦恼、忧愁时，可以做些自己喜欢做的事，例如读书、看电视、散步、唱歌等。情绪管理专家罗纳德博士曾说过一个结论："暴风雨般的愤怒，持续时间往往不超过 12

秒钟，爆发时摧毁一切，但过后却风平浪静。我们需要学会如何控制和排解这 12 秒。”当情绪上头时，不妨深吸一口气，给自己 12 秒时间。

二、与人合作，共同进步

合作是生活艺术和能力的综合体现。它要求以理解为基础，以真诚为前提，唯有如此，才能描绘出合作的美丽画卷。

（一）增强合作意识

合作是现代人自身发展的需求。国际 21 世纪教育委员会向联合国教科文组织提交的报告《教育——财富蕴藏其中》指出，学会合作是面向 21 世纪的四大教育支柱之一。由于科学技术突飞猛进，各个行业之间、各门科学之间的分工越来越精细，而每个人所涉猎的知识及能力又是有限的。要完成一件事、成就一项事业，需要多方合作。合作是一种智慧的聚合。一个团队，可谓一荣俱荣、一损俱损。美国教育家韦伯斯特说：“人们在一起可以做出单独一个人所不能做出的事业；智慧、双手与力量结合在一起，几乎是万能的。”德国的歌德说：“不管努力的目标是什么，不管他干什么，他单枪匹马总是没有力量的。合群永远是一切善良思想的人的最高需要。”这就要求每一个人，除具备扎实的专业知识、敏锐的创新意识和较强的工作技能之外，还要善于与人沟通，尊重别人，懂得以恰当的方式同他人合作。所以，聪明人都懂得取长补短。一个人的努力固然重要，但要想取得更大的成功，就离不开他人的助力。把自己不擅长、做不好的事交给合适的人去做，才是智者的选择。一个人能够借助多少外力，就能拥抱多大的成功。

（二）懂得合作理念

1.“零和游戏”原理。是指在一项游戏中，游戏者有输有赢，一方所赢正是另一方所输，游戏的总成绩永远为零。“零和游戏”原理之所以广受关注，主要是因为人们在社会的方方面面都能发现与“零和游戏”类似的局面，胜利者的光荣后面往往隐藏着失败者的辛酸和苦涩。“零和游戏”观念正逐渐被“双赢”观念所取代。人们开始认识到“利己”不一定要建立在“损人”的基础上。通过有效合作，皆大欢喜的结局是可能出现的。

2. 华盛顿合作定律。在工作中，一个人敷衍了事，两个人互相推诿，三个人则永无成事之日。也就是“一个和尚挑水喝，两个和尚抬水喝，三个和尚没水喝”，说明有些事情并不是人越多越好办；无论什么时候都不要把希望寄托在别人身上，人与人的合作不是人力的简单相加。

3. 酒与污水定律。指把一匙酒倒进一桶污水，得到的是一桶污水；把一匙污水倒进一桶酒，得到的还是一桶污水。一粒老鼠屎，糟蹋一锅粥。一个组织的成员坏了，会影响整个组织的工作和声誉。一个正直能干的人进入一个混乱的部门可能会被吞没，而一个无德无才者能很快将一个高效的部门变成一盘散沙。

4. 红杉树林效应。世界上的植物当中，最雄伟的当属美国加州的红杉。它的高度大约为 90 米，相当于 30 层楼那么高。一般来讲，越是高大的植物，它的根应该扎得越深。但是，红杉的根只是浅浅地浮在地表而已。根扎得不深的高大植物是非常脆弱的，只要一阵大风就能把它连根拔起，更何况红杉这么雄伟的植物呢。可是红杉却生长得很好，为什么？原来，红杉不是独立长在一处的，红杉总是一片儿一片儿地生长，长成红杉林。大片红杉的根彼此紧密相连，一株连着一株。自然界中再大的飓风，也无法撼动几千株根部紧密相连、上千公顷的红杉林。这个现象充分表明，生存也好，成功也好，如果仅靠自己的力量是不够的，必须依靠一个团体，团体的力量是异常巨大的。

5. 合作是“1+1>2”的效应。只有在与他人的合作中，一个人才能最大限度地发挥出才华，最大限度地学习借鉴别人的才华。学会合作已经是现代人的基本生活方略，必备的基本素质。合作分为三个层次。一是竞争型合作，即树立正确的竞争意识与合作观念。二是互补型合作，即交换一个苹果，各得一个苹果。三是共赢型合作，即交换一种思想，各得两种思想。我们要在这三个方面提高合作力。

6. 整体效应。指组成群体的所有个体之间相互结合、相互作用而形成的总体作用或效果。良好的人际关系结构能够优化并增强群体的整体效应。一是因为良好的人际交往能够形成互补，只有通过取长补短才能增强和提高能力。二是良好的人际交往能够形成合力。人要团结一致，协作好，结合密切，力量才会大。为了避免群体的“内耗力”“负合力”，增强整体效应，就必须注重优化人际关系的结构，必须加强内部的人际沟通，必须在群体内部明确并统一奋斗目标。

（三）积极参与合作

合作才能提高团队的战斗力，合作是职工获得职业成就的重要途径，因为团队可以战胜职工个人无法战胜的困难，可以解决职工个人无法解决的问题。合作的要素就是：每个成员荣辱与共，同舟共济；各司其职，共同努力；优势互补，各尽其才。若想合作产生良好的效果，合作中还要学会自我反省，换位思考，为自己行方便，也为他人添把力。成功的合作不仅要有统一的目标，要尽力做好分内的事情，而且还要心中想着别人，心中想着集体，有自我牺牲的精神。我们既要有积极的合作态度，又要学会和善于合作。在人工智能时代，团队合作和跨部门协作将成为常态。通过培养合作能力，人们能够有效地与他人沟通、协作和分享知识，从而实现共同的目标。

1. 参与竞争需要积极合作

现代社会是一个竞争的社会，知识、技能是参与竞争的必要因素，善于与人协同的品质，与人合作的能力，是参与竞争的基础。如果一个人不善于与人合作，即使知识再渊博，技能再高超，也不会取得任何成就。有人说，如果你想走得快，就一个人走；如果你想走得远，就一群人一起走。这句话启示我们，要克服“单兵作战”的倾向，强化协作意识和团队精神，发挥集体合力，实现优势互补，才能有所作为。

2. 通过讲风格、沟通、情感实现合力

单位的成员之间，互相帮助，互补共赢，互通情报，主动沟通，交流情况，肯定自己的选择时，注意接受和对方之间的差异，努力形成共同的语言。同事之间多一点人性化的情感投入。用感情凝聚合力，以合力推动事业。善于发现别人的优点和长处，见贤思齐，吸收借鉴别人的经验教训，最大限度地提高工作效能、减少工作成本。感谢对手，携手同行。怀有尊重和感谢对手的心，发现自身的不足，取长补短，使自己进步、发展得更快。

3. 处理好分工与协作的关系

协作永远会使自己受益也让别人受益，而只顾自己的人不会让别人受益，自己也不会受益。只有懂得协作的人，才能明白协作对自己、别人乃至整个团队的意义。协作也是我们必须承担的一种责任，职工之间只有充分认识到这一点，才会在彼此的协作中感受到自己对于别人的价值以及别人对于自己的意义。一是分工不分家，坚持目标一致性原则，分工明晰、目标明确，且务必相互支持、相互配合，做到齐头并进。二是协作添合力，谋求分力之和大于合力的整体局面。三是先分力后合力，以取得最佳分力为基础，以谋求最大合力为目的。四是敢于承担责任，特别是敢于承担工作失误的责任，不得揽功诿过，更不得回避责任、逃避责任，必须体现权责统一。五是善于沟通。沟通是合作的核心，借助沟通彼此才可以交换思想，分享情感。

4. 参与合作离不开贵人的帮助

人生中不可错过 10 种贵人：愿意无条件力挺你的人；愿意唠叨你的人；愿意和你分担、分享的人；教导及提拔你的人 ；愿意欣赏你长处的人；愿意成为你榜样的人；愿意遵守承诺的人；愿意不放弃而相信你的人；愿意生你气的人；愿意为你出头的人。

本节小结

人际交往是我们每个人都必须面对的人生课题，人际交往能力是人们社会生活的基本能力。处理人际关系，一是记人好处。没有谁的付出是理所当然的，记人好处是对付出者最基本的尊重。二是看人长处。金无足赤，人无完人。要善于看人的长处，学会欣赏别人。三是帮人难处。生活中，每个人都不免会有些难处。遇到别人有难处时，你的举手之劳，能给予他人极大的温暖。“赠人玫瑰，手有余香。”

善待他人由低到高有三个层次：一是无害人之心，不歧视他人，不让人吃亏，不使人难堪，不趁人之危，不报复别人，不损人利己，这是底线；二是与人为善，诚信友爱，严于律己，宽以待人；三是成人之美，将心比心，助人为乐，积善成德。每个人存在都以别人的存在为前提，善待别人就是善待自己。己所不欲，勿施于人。在人与人的关系中，你只管善良，回报都在来的路上。

换位思考、推己及人、将心比心，是与人相处最高级的智慧。君子之交淡如水，是世间真正舒服的关系。

第三节　职工出彩与团队的关联

人们之所以结合成群体，是因为他们要在群体中从事某种或某些共同活动。由于群体成员从事着内容和形式一致的共同活动，于是产生了这样一些群体心理特征，如群体兴趣、群体需要、群体规范、群体价值、群体舆论、群体目的等，也产生了群体成员间的亲近感、团结性等心理共同性。由于群体所进行的共同活动是具有社会意义的活动，这就使群体成为现实社会细胞。它把社会和个人联系起来，社会则通过群体对其成员施加影响，个人也在社会的影响下得到发展，形成自己的心理品质。共同活动是群体得以形成、整合以致发展的根本因素和主要特征。群体成员参加共同活动，是他们形成心理共同性的先决条件。

一、团队及其作用

团队是由两个或两个以上的人组成，通过人们相互影响、相互作用，在行为上有共同规范的介于群体与个人之间的一种组织形态。团队并不是一群人机械地组合在一起，一个真正的团队应该具有共同的目标，其成员的行为相互依存和影响，并能默契配合，因为共同的责任感和使命感而共同努力。团队协作精神是企业产生向心力、凝聚力和塑造力的源泉，会产生“1+1>2”的群体效益。团队是由职工和管理层组成的一个共同体，它合理利用每一个成员的知识和技能协同工作，为了一个共同的目标而努力，最终达到目的，并固守相互间的信任。

打造一支黄金团队，包括设立团队的共同愿景，塑造团队精神，掌握领导艺术，冲突管理艺术，完善激励机制，设计沟通平台，养成创新观念，加强团队执行力，提高成员的责任感，以打造具有凝聚力、战斗力的团队。

以团队为基础的工作方式可以提高成员的职业道德水平，团队力量的发挥是组织赢得团队成员个人贡献的总和，是竞争的必要条件。团队精神不等同于集体主义，团队精神可以使组织保持活力、焕发青春、积极进取。

团队的作用体现在以下几个方面。

（一）导向功能

团队精神的培养，对于一个企业来讲，能使企业职工齐心协力，拧成一股绳，朝着一个目标努力；对单个职工来说，团队要达到的目标即自己努力的方向，团队整体的目标顺势分解成各个小目标，在每个职工身上得到落实。

（二）凝聚功能

任何组织群体都需要一种凝聚力，传统的管理方法是通过组织系统自上而下的行政指令，淡化了个人感情和社会心理等方面的需求，而团队精神则通过对群体意识的培养，通过职工在长期的实践中形成的习惯、信仰、动机、兴趣等文化心理，来连接人们的思想，引导人们产生共同的使命感、归属感和认同感，反过来逐渐强化团队精神，产生一种强大的凝聚力。

（三）激励功能

团队精神要靠职工自觉地要求进步，力争与团队中最优秀的职工看齐。通过职工之间正常的竞争可以实现激励功能，而且这种激励不是单纯停留在物质的基础上，还能得到团队的认可，获得团队中其他职工的尊敬。

（四）控制功能

职工的个体行为需要控制，群体行为也需要协调。团队精神所产生的控制功能，是通过团队内部所形成的一种观念的力量、氛围去影响，去约束、规范职工的个体行为。这种控制不是自上而下的硬性强制力量，而是由硬性控制向软性控制内化；由控制职工行为，转向控制职工的意识；由控制职工的短期行为，转向对其价值观和长期目标的控制。因此，这种控制更为持久有意义，而且容易深入人心。

案例分享

习近平总书记于2023年9月1日给中国航发黎明发动机装配厂“李志强班”职工回信中指出，希望你们牢记使命责任，坚定航空报国志向，弘扬劳模精神、工匠精神，努力攻克更多关键核心技术，加快航空发动机自主研制步伐，让中国的飞机用上更加强劲的“中国心”，为建设航空强国、实现高水平科技自立自强积极贡献力量。

“李志强班”在摸爬滚打中一次次实现“从零到一”的蝶变，不仅攻克了“太行”“昆仑”等国家重点型号航空发动机装配六大关键技术，还创造了航空发动机装配“倒班操作法”，实现了工艺创新126项，研制了工装工具312件。“李志强班”精神的核心是精益求精的“工匠魂”，解锁这一精神的关键在于韧劲担当。“心心在一艺，其艺必工；心心在一职，其职必举。”发动机装配全部是手工操作，虽然只是庞大复杂生产体系中的某一个环节，但“李志强班”在平凡岗位守住寂寞、踏实用心、深入钻研、追求卓越恰恰就是工匠精神的体现。干一行就要爱一行，专一行则要精一行。“李志强班”精神的核心是克己奉公的“劳模魂”，解锁这一精神的关键在于甘于奉献。“李志强班”以无边际工作、无缝隙链接的协同原则，坚持奋战在一线，在型号重大排故活动中三天三夜连轴转，在国家重点任务完成过程中坚持奋战99个日夜。在振兴航空动力的伟大征程上，“李志强班”锐意创新、潜心钻研、无私奉献，用时间淬炼本领，用汗水沉淀工艺，用匠心书写中国航空发动机研制生产的一个个不可能，更用实际行动撑起了民族复兴的大国工匠梦。

遨游太空是每一位航天人的梦想。2023年“最美职工”陈闽慷，中国航天科技集团有限公司第一研究院长征三号甲系列运载火箭总设计师，研究员级高级工程师，是我国运载火箭技术专家和领军人才。他长期致力于运载火箭的研究和工程实践，参与多型火箭发射任务累计超过百余次，率领团队成功完成了探月工程等国家重点工程任务，为我国重大工程高质量、高效率顺利实施及成熟火箭系统技术的改进升级作出突出贡献，书写了中国最高产、最可靠、任务适应能力最强的金牌火箭新篇章。

（摘自中工网2023年5月4日）

二、团队精神及其建设

（一）团队精神的含义

团队精神，就是大局意识、协作精神和服务精神的集中体现。团队精神强调的是组织内部成员间的合作态度，为了一个统一的目标，成员自觉地认同肩负的责任并愿意为此目标共同奉献。

团队精神的基础是尊重个人的兴趣和成就，核心是协同合作，最高境界是全体成员的向心力、凝聚力，反映的是个体利益和整体利益的统一，进而保证组织的高效率运转。团队精神是企业文化的一部分，良好的管理可以通过合适的组织形态将每个人安排至合适的岗位，充分发挥集体的潜能。团队精神必须有一个良好的形式载体，必须有制度体系来维护和巩固。

团队建设离不开企业理念、企业价值观的塑造，离不开创新力、凝聚力的培养。组织中的每一位成员，若想把工作做好，想获得成功，首先就要想方设法尽快融入一个团队，了解并熟悉这个团队的文化和规章制度，接受并认同这个团队的价值观念，在团队中找到自己的位置和职责。

团队精神是企业的灵魂，一个企业没有灵魂就没有生命力。企业要在激烈的市场竞争中做大做强，必须是企业全体职工共同努力的结果，只有把全体职工的生产经营积极性和创造性都充分发挥出来，才能取得最佳效果。

在一个团队里，每一名职工都是链条中的一环，链条任何部位的损毁，都会损害团队整体，也会反过来危及自身。任何一处出现疏漏，都有可能使整个企业“沉船”。

案例分享

2021 年“最美职工”，新疆铁道勘察设计院有限公司乌鲁木齐国际陆港中欧班列集结中心工程 EPC 项目部工作人员平均年龄 30 岁，在项目中他们管理施工企业 20 余家，设备供应商 30 余家，承担了乌鲁木齐国际陆港中欧班列集结中心工程的设计、采购和施工等工作。项目部将技术和质量作为立身之本，依托技术优势，提出了设置货物装卸线、班列集结编发场、多式联运中心设施共享、海关监管作业区等配套设施的规划设计方案。集结中心工程建成开通运营后，由乌鲁木齐集结出发的中欧班列开行线路达 21 条，覆盖 23 个国家和地区，累计开行 4000 余列。

（摘自国际在线 2021 年 5 月 1 日）

“最美职工”个人的业绩是建立在团队共同作用之中的，可以说没有团队就不可能有个人的业绩。许多大国工匠和创新创造者都是在优秀的团队中产生的，许多人因个人成绩突出而建立了工作室，由若干人组成团队，团结攻关，取得了更大的成绩，生动深刻地彰显了团队起到的作用。

（二）团队精神的建设

团队精神是一种组织文化，它强调个体与整体的统一、竞合关系、利他思维、维护团队形象、目标一致性以及管理的作用，旨在通过协作和共同努力实现团队的整体成功。

1. 确立明确的目标

明确具体可行的企业发展目标，是职工最好的航船方向，目标方向越明确越具体，由此激发出的团队活力也就越大。（1）将企业发展方针、发展目标、发展计划，告诉所有职工，让职工有工作的热情和动力。（2）明确职工的薪金增长计划、方案，职位升迁方案，让职工觉得自己在企业有所作为，有发展的前途。有这样一个目标，就可使职工看到希望，从而劲往一处使，产生向目标奋进的力量源泉。

2. 培育共同的企业价值观

企业制度、企业规范，只能在有限和常规的情况下，告诉职工“干什么”和“不干什么”。因此，可以利用以下方式让价值观成为职工的行为准则：（1）培养职工的良好道德规范，道德修养。（2）培养职工的个人修养。（3）培养职工的正确人生价值、社会价值观念。

3. 企业的管理层起表率作用

企业的决策者、各级管理者是团队的龙头，是团队的核心，管理人员的表率作用体现在：（1）给各部门制定相关的评估、考核机制。没有各部门的评估、考核机制，就不能看到领导起表率作用的成绩。（2）给管理者一定的激励机制，通过奖励方式，保证管理阶层的带头作用。

4. 企业的精神有赖于职工的参与

只有职工全方位地参与企业的经营管理，把个人的命运与企业未来的发展捆绑在一起，职工才会真心真意地关心企业，才会与企业结成利益共同体和命运共同体，因此，必须建立“以人为本”的管理机制。（1）制定相应的激励机制，如生产改进的激励、质量改进的激励、职工为企业创造价值的激励等。（2）将激励机制落实，只有这样职工才会感受到其真实性。（3）要关心职工的生活，关心职工的思想状态，对于职工反映的实际问题，要及时解决。（4）用人性的手段激励职工，如制订夫妻同在企业服务的激励，关心夫妻团聚问题，关心职工生日，问候久未归家职工的父母，关注职工家人或职工的身体状况等。

5. 积极发现职工的共同领域

团队的默契，源于团队成员之间自觉进行了解和熟悉，而彼此之间的了解、熟悉又以共同的生活为基础团队的默契是形成团队精神的必要条件，因此，按企业的实际情况要求：（1）语言的统一。在团队内部用统一的语言有利于职工语言的沟通，也有利于团队的团结。（2）服装统一。统一的服装是团队精神的表现。（3）礼仪、礼节的统一。这是企业文化修养的表现，也是一个企业形象的体现。（4）还要有其他的，如利害关系的统一，大体匹配的文化层次，共同的兴奋点、兴趣等。

6. 唤醒危机意识和忧患意识

危机意识和忧患意识是团队精神形成的外在客观条件，没有团队的觉悟，没有大家的奋起，没有危机的心态，一旦危机到来，就会措手不及。（1）市场分析。给职工分析市场的挑战性、困难性、竞争性，同行的压力。（2）技术改进上的压力。

7. 保持经常性的沟通

职工与企业之间持续、有效、深度、双向的沟通，能使职工知己知彼，动态掌握自己在团体行动网络中的坐标。因此建议：（1）组织经常性的座谈会，或者以意见箱的形式，建议职工积极反映对企业的一些看法、观点，提出有益的建议。（2）组织文化、文艺演出，让职工与企业进行感情上的沟通。（3）部门之间要进行沟通，不要因沟通不足而造成隔阂，沟通方式是多样的，但不能流于形式，一定要落于实处。

8. 团队精神需要一个培育过程

一支具有良好的团队精神的团队，具有以下特点：在团队风气上，能够容忍不同的观点；对企业忠诚；价值观相同并愿意付出努力；在合作上能坦诚交流。但是，这样的团队要有一个长期的培育和合作过程，企业领导必须在组织上为团队建设提供如下支持：（1）明确团队的目标。团队的目标只能由决策阶层提出，才能让职工、管理人员明确。（2）给予一定的资源。包括人力资源、物资资源、资金资源、信息资源。（3）提供可靠的信息。要给策划者提供市场最新动向、国际国内情况、人员培训信息、培训最新动态等。（4）不断地培训和教育。要对职工进行不断的培训和教育，对企业文化的策划者也要进行不断的培训与教育。（5）定期地进行技术和方法的指导。

三、团队合作

1994 年，美国管理学教授斯蒂芬·罗宾斯首次提出了“团队”的概念：为了实现某一目标而由相互协作的个体所组成的正式群体。在随后的 10 年里，关于“团队合作”的理念风靡全球。团队合作指的是一群有能力、有信念的人在特定的团队中，为了一个共同的目标相互支持、合作奋斗的过程。它可以调动团队成员的所有资源和才智，并且会自动地驱除所有不和谐和不公正现象，同时，会给予那些诚心、大公无私的奉献者适当的回报。如果团队合作是出于自觉自愿，它必将会产生一股强大而且持久的力量。

（一）团队合作表现为成员都具有共同的强烈欲望和明确目标，并且能从日益增进的热忱、想象力和知识中获得明确的利益。由于团队中的成员未必都具有相同的强烈欲望和明确目标，所以，必须通过强有力的思想工作，发掘他们的欲望，为企业和国家做奉献，给他们以适当的回报。

（二）团队精神是一个企业文化的精髓，是企业文化的内在表象，它又依附于各自企业的不同情况、不同特点升华为企业精神。只有信奉和恪守敬业、守信、奉献、创新的团队精神，自觉地维护企业形象，才能使企业精神得到完美体现。团队精神是组织文化的一部分，良好的管理可以通过合适的组织形态将每个人安排至合适的岗位，充分发挥集体的潜能。它直接影响到整个企业人力资源管理的内在质量，它是企业在激烈的市场竞争中实现可持续发展的灵魂所在。要以人为本，培养团队精神，关注团队中人的协同性，用先进的制度管理团队，整合企业文化资源，用优秀文化塑造团队，创建学习型企业，提升团队精神，这是企业人力资源管理的最高境界。

（三）在事物的发展中，全局起着主要的、决定性的作用，它决定事物发展的方向和趋势。事物整体的力量比任何个人的力量都更强大。团队精神的基础是尊重个人的兴趣和成就；核心是团结一致、协同合作；最高境界是全体成员的向心力、凝聚力，反映的是个体利益和整体利益的统一，进而保证组织的高效率运转。

（四）企业的团队精神是依附于企业而存在的共同价值观念，是培养职工诚信、忠于职守、乐于助人、刻苦钻研、勤勉尽责的一种非制度性约束，它如同一个企业的灵魂，支配的是人们的思维方式和行为方式，可以使职工在思想观念、思维方式、行为方式上服从企业的根本利益并得到统一和融合。

（五）一个和谐的团队，要有共同的理想和目标，有大局意识、协作意识，才能使大家对团队目标都有较高的认可，认同工作的价值，在工作过程中团队成员才能获得素质和能力的提升。由于一个团队中存在着不同的价值观和不同的文化差异，建立团队精神的首要任务就是整合多元化价值取向，将个人目标与团队目标相统一。信任是团队精神建设的基石。团队精神提倡的是一种和睦融洽的工作氛围，真诚开放、彼此信任成为团队精神必备的两大元素。

（六）团队中的成员要相互信任，相互依存；严于律己，宽以待人；改变自己，影响他人；关心他人，胜过自己；换位思考，善于倾听；沟通咨询，虚心学习；尊重他人，群策群力。

（七）团队的力量之所以强大，就在于内部之间优势互补，互相帮助，协作共赢，避免短板效应。不仅是在别人寻求帮助时提供力所能及的帮助，还要主动地帮助其他成员，受助人能够乐于接受别人的帮助，大家彼此共同提高。

（八）企业团队精神的培育和形成，最终需要职工的各种行为来体现。企业团队精神的培育和形成并非一朝一夕能完成的，需要从企业基础工作的各个方面着手加以营造和培育，从细微处见精神。

（九）团队精神的形成并不要求团队成员牺牲自我，相反，大家可以挥洒个性、各显其能，保证共同任务目标的完成。明确的协作意愿和协作方式是从内心产生真正动力的源泉。

案例分享

在许多人看来，获得国家科技进步奖二等奖已经是“人生巅峰”，但对潘从明来说，作为一名产业工人，高光的人生才刚刚被点亮。“我们提取的铂族贵金属，被称为‘工业维生素’。天宫、蛟龙、天眼、悟空、墨子、大飞机，这一个个大国重器，一旦缺少了贵金属，都无从谈起。我国的贵金属储量仅占全球储量的 0.39%，资源有限，必须做好每一滴贵金属的回收。”潘从明说。正是抱定了这样的信念，潘从明带领团队先后承担国家和省（部）级重点科研项目 9 项，完成各类科技创新项目 228 项，获得国家授权专利 43 项，攻破了一个又一个关键技术瓶颈，填补了国内外多项空白，囊括各类科技奖项 30 余项，建成了一整套具有完全自主知识产权的贵金属生产系统，为推动贵金属冶金技术向高、精、尖发展作出了突出贡献。

作为“潘从明劳模创新工作室”的领衔人，潘从明组建团队、培养人才，将自己“绝技、绝活”的精髓毫无保留地分享给同事和徒弟们，并利用业余时间将自己积累的操作经验以及技术成果汇编为 30 余万字的培训教材，供贵金属冶炼工技能提升使用。如今，他领衔的劳模工作室，成为西北地区首个贵金属冶炼行业中联合职业技能塑培、科研攻关、技术交流等活动单元为一体的群众性创新基地，是“国家级技能大师工作室”和“全国示范性劳模和工匠人才创新工作室”。徒弟王得瑜在潘从明的磨砺下脱颖而出，在短短4年间便有了3项专利和2篇论文，成为提纯一班的班长。多年来，潘从明先后培养贵金属冶炼人才达百名以上，为贵金属产业输送了大量朝气蓬勃、愿意学习技术的青年才俊。

（摘自中工网2024年3月24日）

四、个人目标与团队目标一致

大局意识就是要以宽广的眼界胸怀全局，做到审时度势、与时俱进；以宏观的战略思维分析全局，做到顺势而动、因势利导；以“牵一发而动全身”的辩证思维谋划全局，做到思前想后、统筹兼顾。正确处理局部和全局的关系，始终围绕中心和大局想问题、做决策、办事情。团队意识就是要认识到唯有大家精诚团结、密切协作，才能铸就团队成功，进而成就个人梦想。要主动融入团队，虚心学人之长，真诚容人之短。相互补台，相互关心，相互支持，相互交流，共同进步。在坚持原则的基础上同心同德、合作共事。如孟子所言：“天时不如地利，地利不如人和。”如《周易》所述：“二人同心，其利断金；同心之言，其臭如兰。”

亚里士多德说：“人无法离群独居。”荀子说：“人之生也，不能无群。”严复说：“能群者存，不能者灭；善群者存，不善群者灭。”“群”即“社会”。德国有一个哲理：一个人的努力，是加法效应；一个团队的努力，是乘法效应。尼采说：“人要学会加入，与他人合作，加入集体，这样才能成就一番事业，团队的力量胜于个人的力量。”这些充满哲理的话，阐述了群体关系的重要性，人只有通过交往，建立和谐的人际关系，才能过社会生活。

一个人无论在哪个部门工作，都要不断地追求卓越，如果每一个工作岗位都发挥了每一个人的潜能，每一个人都能在自己的岗位上努力做到最好，那这样的单位不可能不是一流的，不可能不是卓越的。

个人的前途与团队的前景密切相关，职工要把企业的发展看作个人的发展。如果集体的成员把集体的前景看作个人的前景，集体越大，个人也就越美、越高尚。团队自豪感、荣誉感是每位成员的一种成就感，利益和成就共享，责任共担，这种感觉集合在一起，就凝聚成了战无不胜的战斗力。

个人目标与团队目标的一致，是爱岗敬业的基本要件。职工是企业的滴滴鲜血，是企业永恒燃烧的激情；企业是职工的生命，是职工拥有使命并为之奋斗的不竭源泉。要结成“企兴我荣我富、企衰我耻我穷”的命运共同体。扬起生命的帆，踏上追求的船，用睿智的思想、宏深的智慧、崇高的道德、浓烈的热情，与企业一路同行！职工应关心和爱护企业的一切，事事为企业着想，处处为企业效力，充分发扬主人翁精神，尽职尽责，与企业同呼吸、共命运。实际运作中个人目标是无法否定和抹杀的，如果个人目标最大限度地与团队目标一致，则会推进团队爱岗敬业的进程。一个人能力再强也是有限的，大家都行才是真的行。一个团队的组织成员拥有一个共同的愿景。共同愿景促使组织成员朝一个共同的目标迈进。实际运作中个人目标是无法被否定和抹杀的，但个人目标如果最大限度与团队目标一致，则会推进团队发展的进程。

劳模先进以不断发展的先进经验，表现外在形式是突出的个人魅力，其具有强大的凝聚力，他们往往能够团结身边的群众，甚至可以一呼百应，因而围绕劳模必定能形成一个进步的群体文化。

本节小结

一滴水要想不干涸的唯一办法就是融入大海，一个职工要想出彩的唯一选择就是融入团队，依靠团队力量提升自己。

团队的每个成员都以共同的目标为导向，相互支持、协作和贡献自己的力量，以实现团队的整体成功。每个人作为个体存在于企业中，但同时也是整体的一部分。每个人都应该有自己的想法和个性，但在提出这些想法时，要考虑到如何更好地传达和让其他人更好地接受。在团队中，成员之间既有竞争也有合作。成员应该先考虑如何配合和支持他人，而不是只关注自己的情绪和时间安排。团队成员应该具备利他思维，即在做事情时关注他人的情绪，分工明确，并及时沟通进度变化，以确保团队的整体效率。企业管理者在协调内部人员人际关系的过程中，要善于引导全体职工树立积极的参与意识，引导全体成员为实现共同目标同舟共济，以主人翁的姿态为内部管理出谋献策，以经济效益为目标实现自觉努力工作。

第四节 营造让职工出彩的气场

气场，是气功学中的术语。气场分为环境气场和人体气场（指人的精神面貌）。对人与自然而言，气场是对人散发的隐形能量的描述，它是人能把握到的自然规律的多少。人越顺应自然规律，气场就越大；越背离自然规律，气场就越小。日常生活中的“气场”，是指一种有感染力、影响力和控制力的环境氛围。形成敬业“气场”，就会产生主动去做的引力、不做不行的压力和做好工作的动力。气场，指的是用一种为别人所易于接受的方式，改变他人的思想和行动的能力。气场是非强制性的，它通过影响他人内心的方式来达到目的。显然，相比强制力而言，气场的影响更强大、可靠且持久。无论你多有能力，如果气场没有调节好，也会影响正常发挥。

一、企业团队气场

团队氛围是指团队内在力的外在表现，我们把团队氛围比喻成气场是十分恰当的。良好的团队氛围犹如一股强大气场，会使团队的负能量被掩饰和忽视，正能量得以无限叠加和放大，进而形成强大的组织驱动力，朝着一个积极的方向发展。反之，团队氛围低迷，所有成员都会笼罩在其中而跟着士气低落；当团队中弥漫着轻佻、散漫的气氛，则职工的积极性、专注程度都会受到影响。管理学中有一个著名的“破窗效应”，是指“一个房子如果窗户破了，没有人去修补，隔不久，其他的窗户也会莫名其妙地被人打破；一面墙，如果出现一些涂鸦没有被清洗掉，很快地，墙上就布满了乱七八糟、不堪入目的东西；一个很干净的地方，人们不好意思丢垃圾，但是一旦地上有垃圾出现，人就会毫不犹疑地抛垃圾，丝毫不觉得羞愧”。不良的氛围预示团队的衰败。企业团队要努力为职工提供一种气韵生动的“场”。

（一）企业文化环境带来的气场

企业是经济组织，企业是国民经济的细胞，企业是社会财富的直接创造者，企业是众多人的利益共同体。企业内部因素对个体的职业生涯有直接的影响，所有的人都处于企业的小环境之中，个体的发展与企业的发展息息相关。对企业环境进行分析，可以使个体及时地了解企业的发展状况和前景，把个体的发展与企业的发展联系在一起，并融入企业之中，这有利于个体做出合理的职业生涯规划。

1. 领导作风拢“气”

领导是气场的“气核”，一个有着浓厚敬业精神又能带领大家敬业的领导，自然就会在周围形成敬业的“气场”。很多成功的企业都有出色的企业家掌舵领航，从某种角度来说，企业文化折射企业领导人的抱负。领导者的素质和价值观在一定程度上决定了职工在这个行业、企业中是否有足够的发展空间，是衡量职工的目标能否在职业中得以实现的重要指标。

2. 工作任务聚“气”

要明晰职工的团队角色，让职工勇于为团队承担责任，以最佳的状态、高度的团队执行力工作。加强个体与团队的沟通，认同团队，融入团队，以团队赢为赢，与企业共命运；根据团队目标，确定自己的目标。以“实际工作”为燃料点燃大家敬业的热情，才能使敬业的“气场”长盛不衰。

3. 制度机制强“气”

要建立爱岗敬业的工作机制，各种好的机制可以使之集合成爱岗敬业的大“气场”。人与人之间，只要气场近了，事就成了。企业管理制度包括组织特色、经营战略、人力评估、人力资源管理等。企业职工的职业发展，靠企业管理制度来保障，包含合理的培训制度、晋升制度、绩效考核制度、奖惩制度、薪酬制度等。企业价值观只有渗透在制度中，职工的职业发展才能得以实现。

4. 文化环境激“气”

企业文化是全体职工在长期生产经营活动中形成并共同遵循的最高目标、价值标准、基本信念和行为规范。企业文化是影响企业经营效益的重要因素。单位的客观环境，如办公环境、办公设备、环境卫生等都可以影响职工的工作情绪。在高档次的环境里工作，职工的工作行为和工作态度都会向“高档次”发展。

（二）企业劳动关系和谐带来的气场

企业是社会的细胞，企业劳动关系的和谐是社会和谐的基础。所谓劳动关系，即指人们在从事劳动过程中发生的社会关系，具体表现为劳动者与用人单位——企业、事业单位、国家机关、社会团体、个体经济组织之间发生的关系。劳动关系是重要的基本的社会关系，无论是构建和谐企业还是构建和谐社会，都必须把构建和谐劳动关系放在突出地位。企业职工是一个具有相当大数量的社会群体，劳动关系的和谐与否，涉及企业职工的切身利益，决定了能否充分调动广大职工的劳动积极性、创造性，使他们团结一致、齐心协力地去实现企业乃至经济社会发展的目标。

创建和谐企业劳动关系应坚持以下标准。

1. 严格依法执行劳动合同制度、劳动用工行为规范。企业依法与本企业全体职工（包括农民工）签订劳动合同；劳动合同内容合理、全面，管理规范、有效履行。依法调解劳动争议。

2. 建立平等协商和集体合同制度。协商充分，程序规范，内容具体，标准量化，可操作性强，履行好合同（协议）。建立工资分配平等协商机制和职工工资正常增长机制。建立相应的职工参与、考核评价、监督检查和履约责任追究制度。

3. 依法保障职工劳动经济权益。按时足额支付工资，依法为职工缴纳各项社会保险费，切实改善职工的生产生活条件，严格执行国家劳动安全卫生法律法规和政策，建立健全安全生产责任制，实施工会劳动保护监督检查制度，无重大伤亡和职业危害事故发生。

4. 全心全意依靠职工群众办企业，坚持和完善职工代表大会和其他形式的企业民主管理制度；公司制企业建立职工董事制度和职工监事制度；坚持厂务公开，使职工的民主选举、民主决策、民主管理、民主监督权利得到有效保障。

5. 尊重和维护职工精神文化权益。积极开展“创建学习型组织、争做知识型员工”活动，注意提高职工队伍素质，确保职工的教育权、发展权，开展职工喜闻乐见的文化体育活动满足职工的精神文化需求。

6. 建立健全工会劳动保障法律监督组织和企业劳动争议调解组织。完善工作制度，及时化解矛盾，有效调解劳动争议，确保不会发生职工群体性事件。

7. 维护女职工和未成年工的合法权益和特殊权益。依法落实女职工的平等劳动权利、社会保障和福利待遇及特殊劳动保护待遇等权利。没有招用童工、损害女职工和未成年工合法权益的行为。

8. 建立健全工会组织，支持工会依照《工会法》和《中国工会章程》开展工作，创建先进职工之家。

随着企业采用自动化和智能化技术来提高生产效率和降低成本，也带来了一些劳动关系矛盾，如机器人替代人力、智能化导致的职业转型和失业等问题。企业应该积极采取措施，促进企业和职工的共赢。比如，企业可以加强职工的培训和教育，提高职工的技能水平和综合素质，使职工能够适应智能化后的工作环境和任务要求；企业还可以采用灵活多样的用工方式，以满足不同生产任务的需求，保障职工的就业和收入；企业还应该加强与职工的沟通和协商，及时了解职工的需求和意见，积极解决职工反映的问题和困难；加强对人工智能技术应用的监督和评估，确保技术的合理应用和发展。政府可以制定相关法规和标准，规范人工智能技术的使用和管理，确保企业在应用人工智能技术时遵守相关法规和标准，保障职工的权益和安全。

二、职工个人气场

气场是一个人内在气质和外在表现的综合体现，受到成长环境、个人经历、自我认知和情绪状态等因素的影响。通过培养自信、积极情绪、良好的肢体语言、声音的运用和持续学习等方法，可以提升自己的气场，展现个人魅力和影响力。当一个气场强大的人从你身边走过时，你的注意力会不自觉地被他吸引；气场弱小的人即使与他人迎面相逢都不会引起人的注意。气场有正有负，正气场强带给人的是力量、喜悦、吉祥，负气场强给人带来的是一种恐惧、厌恶、愤怒的感觉。因此，提升个人气场对于在社交场合中获得更多机会和“破圈”出彩来说非常重要。

（一）言行举止端庄

提升职工个人的气场，首要的是做到言行举止端庄，不要过于自卑。要把握好场合与时机。说话要言简意赅，说话冗长累赘会使人茫然，使人厌烦，而你也达不到目的。

案例分享

美国从事个性分析的专家罗伯特·菲利浦有一次在办公室接待了一个因自己开办的企业倒闭而负债累累、离开妻女到处流浪的流浪者。流浪者说：“我已经看破一切，已经绝望，所有的人已经抛弃了我。我决定跳到密歇根湖，了此残生。”在他说话的时候，罗伯特从头到脚打量流浪者，看到了他茫然的眼神、沮丧的皱纹、十来天未刮的胡须以及紧张的神态。罗伯特请他坐下来，要他把自己的故事完完整整地说出来。听完流浪汉的故事，罗伯特想了想，说："我可以介绍你去见本大楼的一个人，他可以帮助你赚回你所损失的钱，并且协助你东山再起。"

罗伯特引导流浪汉来到心理实验室，和他一起站在一块窗帘布之前。罗伯特把窗帘布拉开，露出一面高大的镜子，镜子里立刻呈现出流浪汉的形象。罗伯特指着镜子说："就是这个人，能够使你东山再起，在你对这个人作出充分认识之前，对于你自己或这个世界来说，你都是一个没有任何价值的废物。"流浪汉朝着镜子走了几步，用手摸摸他长满胡须的面孔，对着镜子里的人从头到脚打量了几分钟，然后后退几步，低下头，哭泣起来……

几天后，罗伯特在街上碰到了他，但他不再是一个流浪汉，他西装革履，步伐轻快有力，头抬得高高的，原来那种衰老、不安、紧张的姿态已经消失不见。他说，他感谢罗伯特先生，让他找回了自己，很快找到了工作。后来，他真的东山再起，成为芝加哥的富翁。

教育家张伯苓信奉这样的理念："一衣不整，何以拯天下？"他说："人可以有霉运，但不可有霉相。越是倒霉，越要面净发理，衣整鞋洁，让人一看就有清新、明爽、舒服的感觉，霉运很快就可以好转。"

人生不如意事十之八九，命运多舛，无论怎样，我们都应该以清新、明朗的形象，让人信任。因为，没有人有义务必须透过你邋遢的外表去发现你优秀的内在。

人最初的自信来源于外表。把自己打点得干净利落，让自己满意了，底气就足了，自信就来了，你的好运就随之而来。

注意言行举止，当然要关注别人眼中的自己。因为大多数人都注重自己在别人眼中的形象。一个人，要想有好的人缘，就必须有好的形象。只有得到别人的认可，你才能在社会上立足。

人大多数时候对于自己的了解总是很模糊的，有些明显的特性自己可以很容易地辨别，但绝大多数时候无论是自己还是别人都不是那么容易了解的。而且，当自己迷茫而不好确定自己未来走向时也不妨多听听身边人的看法，不过你首先要表示你的真心求教，同时也要选择性地问问那些不同角色的、你觉得他会真诚地告诉你的人，一般跟自己走得近的人会比较好表达也比较了解你，虽然也因此可能多少会受主观因素的影响，但多少还是能从中知道些的；另外要调整好自己的心态，不要因为别人的某些评价而使你的行动得到反效果。此外你还可以通过做一些比较权威的测评之类地来了解自己。

在人与人的交往中，总是以第一印象作为认识一个人的先决条件。若第一印象产生认识“定格”，形成心理定式，就会在很大程度上决定人际交往的态度与取向。所以，在与人交往中不应该被第一印象所具有的表象性、片面性、主观性和先入为主的特点所迷惑，而出现认识上的偏差。要想练就瞬间看透对方的本事，就需要在比较、对比中识别人。每个人都有自己的性格特点，这就要求要善于从不同因素中寻找共同点，使其具有可比性，还要善于发现和认识别人的长处与优点，在动态和静态的双重作用中识别人，唯有如此，才能瞬间看透对方。初次交往给人以良好的第一印象，不是在演戏，而是希望能够以此为契机显示自己不凡的气场。

（二）要管理好自己的情绪

每个人都会有情绪，只不过触发点不一样，不管是怎么触发的，如果放任自己的情绪，有可能会造成巨大的损失。所以，要善于控制和支配自己的情绪，保持乐观开朗、振奋豁达的心境，情绪稳定而平衡，与人相处时能给人带来欢乐的笑声，令人精神舒畅。

我国最早的情绪分类思想源于《礼记》，其中记载，人的情绪有“七情”

分法，即喜、怒、哀、乐、爱、恶、欲；情绪也可以分为“六情”，即喜、怒、哀、乐、爱、恶。在近代的研究中，常把快乐、愤怒、悲哀、恐惧列为情绪的最原始、最基本的形式。由于情绪主要反映的是人当前的心理状态，把情绪分为心境、激情、应激三种情绪表现状态。

职工工作不仅受认知影响，也受情绪影响。良好的情绪可以提高职工工作的积极性，提高工作效率；不好的情绪则会降低职工工作的积极性，降低工作效率。焦虑是由紧张、不安、焦急、忧虑、担心、恐惧等感受交织而成的情绪状态。焦虑与工作效率之间的关系可用倒 U 形表示，无动于衷或过分焦虑都不能产生高的工作效率，而适中水平的焦虑，最有利于工作。心境又称心情，有积极与消极之分。积极、乐观的心境能够增强人的自信心，提高工作效率；而消极、悲观的心境，则使人丧失信心，降低工作效率。

良好的情绪如快乐、满意等，既是维护心理健康的保证，也是促进生理健康的有效途径。它不仅能保持身心健康，使人精神振奋，激活神经系统，使之兴奋和协调，调节内分泌系统的平衡，还能提高人体对疾病的抵抗力。反之，不良的情绪如恐惧、忧郁、过度兴奋等，若得不到及时调适或宣泄，就会削弱人的生理抵抗力，引起生理疾病。《黄帝内经》中对于这一点有过详细的论述：“故喜怒伤气，寒暑伤形。暴怒伤阴，暴喜伤阳。”“喜怒不节，寒暑过度，生乃不固。”又说：“怒伤肝，喜伤心，思伤脾，忧伤肺，恐伤肾。”职工的工作生活，总的说来是紧张的，如果职工不能适应这种竞争的环境，或对自己期望和要求过高，精神长期处于紧张状态，十有八九会导致各种身心疾病。职工中常见的一些疾病，如紧张性头痛、神经衰弱、心律不齐、哮喘、月经不调等，都与情绪变化有关。

积极情绪对职工的行为的影响往往是积极的、主动的，其社会兴趣、对新经验的开放和接受的程度、对周围人的尊重与理解、对价值和长远目标的献身精神等，都有明显的增强。相反，如果某事件使某位职工产生痛苦、愤怒、紧张或受到威胁等消极情绪，这时，一些职工行为将会发生消极的变化，表现为社会兴趣下降，亲社会行为减少；而另一部分职工则向积极的方向转化，在行为上表现得更为坚强。由此可见，无论何种情绪，都会对职工的行为产生一定的影响。

拿破仑·希尔曾说：“一个人能否成功，关键取决于他的心理，成功与失败的分水岭往往就是靠心理来划分。”“能控制好自己情绪的人，比能拿下一座城池的将军更伟大。”心理是人生成功的晴雨表，良好的心理能使人情绪高涨、自信快乐、斗志昂扬、勇于进取；灰色的心理让人情绪低落、颓废沉沦、斗志丧失、无所作为。

如果情绪没有处理好，就会持续地对类似事件造成负性干扰。我们要学会对情绪进行有效的调适管理，要善于调节情绪，对生活中出现的矛盾和事件引起的反应能适当地排解，能以乐观的态度、幽默的情趣及时地缓解紧张的心理状态。

我们每一个职工都要适应气场、享受气场。如果说气场是环境的话，那么，我们要学会适应环境，甚至改变环境，主观和客观条件都要为个人的努力奋斗服务，如果有这种意识支配，人生更容易获得成功，更容易出彩。

本节小结

我们生活在一个互相联系的世界中，时时刻刻都在受到周围的人和物的影响。周围的人和物会对我们产生或好或坏的影响。人总是要往好的方面发展的，并要尽量避免不利的环境。

一个单位就是一个大家庭，大家在一起工作是缘分，实际上是在一个命运共同体、事业共同体、利益共同体里。在一个良好的企业团队气场里，大家是唇亡齿寒、同舟共济、相依为命、一荣俱荣、一损俱损、相辅相成的，应该做到互相关心、互相帮助、互相配合、互相理解、互相负责，共同提高、共同快乐、共同幸福。

一个人有气场，就是指这个人的能量在扩散、传递给周围的人。每个人都有气场，差别只在于大与小而已。人与人之间，只要气场近了，事就成了。一个有强大气场的人，身边总是会有很多的朋友，因为人们总是不自觉地会受到他的吸引；一个有强大气场的领导，做起事来总是感觉更轻松自如，下属也总是更愿意真心接受他的领导；一个有强大气场的职员，不但更易被领导欣赏，轻松地让领导接受自己的建议，而且也能更广泛地影响其他同事。

参考文献

[1] 顾及. 破圈 [M]. 北京：北京联合出版公司，2021.

[2] 向德荣. 深耕自己，实现岗位“破圈”[N]. 工人日报，2023-12-22.

[3] 史梅，万金森，应金萍. 职业生涯规划与就业指导 [M]. 武汉：武汉大学出版社，2008.

[4] 梁丽华. 高职生职业发展与就业指导 [M]. 北京：清华大学出版社，2013.

[5] 储克森. 职业、就业指导及创业教育 [M]. 北京：机械工业出版社，2012.

[6] 周忠新，禹明华. 职业人文素质教育 [M]. 北京：中国财政经济出版社，2014.

[7] 易发久. 成功一定有方法 [M]. 北京：电子工业出版社，2010.

[8] 刘柏志，高广平. 职业道德教育读本 [M]. 北京：中国传媒大学出版社，2014.

[9] 吕承龙. 职业道德决定卓越 [M]. 北京：中国商业出版社，2014.

[10] 向德荣. 劳模精神职工读本 [M]. 北京：中国工人出版社，2016.

[11] 刘建军. 工匠精神 [M]. 北京：中共党史出版社，2020.

[12] 沛霖·泓露. 敬业 [M]. 北京：中国商业出版社，2015.

[13] 魏忠. 智能时代的教育智慧 [M]. 北京：华东师范大学出版社，2019.

[14] @学习强会@AIGC. 和工会干部谈谈人工智能 [M]. 北京：中国工人出版社，2024.

[15] 陈卓国. 创新思维与方法 [M]. 武汉：华中科技大学出版社，2019.

[16] 李南筑. 创新思维训练 [M]. 上海：复旦大学出版社，2023.

[17] 塞缪尔·斯迈尔斯. 在绝望中寻找希望 [M]. 陈实，译. 北京：台海出版社，2018.

[18] 陈南. 感谢折磨你的人 [M]. 北京：中国妇女出版社，2018.

[19] 求是杂志文化编辑部. 生活与哲学文选 [M]. 河南大学出版社，2003.

[20] 向德荣，华伟芬. 父母三字经 [M]. 武汉：湖北教育出版社，2015.

[21] 萧果. 弱关系 [M]. 广州：广东人民出版，2022.

[22] 赵一鸣. 人脉决定成败 [M]. 乌鲁木齐：新疆美术摄影出版社，2012.

[23] 吕翠凤. 人际交往与成功 [M]. 南京：南京大学出版社，2012.

[24] 吴艳龙. 气场决定成败 [M]. 北京：石油工业出版社，2011.